国家级一流本科专业建设成果教材

石油和化工行业"十四五"规划教材

化工流程模拟
——Aspen Plus从入门到实践

赵云鹏　汪广恒　主编

李士凤　买尔哈巴·阿不都热合曼　副主编

U0228875

化学工业出版社

·北京·

内容简介

化工与制药类教学质量国家标准和工程教育认证标准中均要求学生能够掌握典型化工过程与单元设备的操作、设计、模拟及优化的基本方法。《化工流程模拟——Aspen Plus 从入门到实践》基于 Aspen Plus 新界面，注重将软件操作和化工理论知识结合，系统介绍了化工流程模拟软件 Aspen Plus 的操作单元、Aspen Plus EDR 和 Aspen Energy Analyzer，并用其解决典型化工问题。全书分为两部分：第一部分为理论部分，包括第 1～9 章，内容有 Aspen Plus 简介、物性方法与分析估算、混合器/分流器和调节器模拟、压力变化器模拟、换热器模拟与设计、简单分离器模拟、塔设备模拟与设计、反应器模拟、能量分析基础等；第二部分为实训部分，包括第 10 章，根据第一部分理论知识设计了 12 个上机实训，以便有针对性地开展实践教学。

《化工流程模拟——Aspen Plus 从入门到实践》可作为高等学校化学工程与工艺、能源化学工程、应用化学等专业本科生及研究生教材，也可供化工、石油、热能、环境、给排水等领域的工程设计、生产管理和科学研究人员等参考。

图书在版编目（CIP）数据

化工流程模拟：Aspen Plus 从入门到实践/赵云鹏，汪广恒主编；李士凤，

买尔哈巴·阿不都热合曼副主编. —北京：化学工业出版社，2023.1（2025.6 重印）

ISBN 978-7-122-42416-7

Ⅰ．①化… Ⅱ．①赵… ②汪… ③李… ④买… Ⅲ．①化工过程-流程模拟-应用软件-高等学校-教材　Ⅳ．①TQ02-39

中国版本图书馆 CIP 数据核字（2022）第 199992 号

责任编辑：任睿婷　徐雅妮　　　　　文字编辑：胡艺艺　陈小滔
责任校对：杜杏然　　　　　　　　　　装帧设计：关　飞

出版发行：化学工业出版社（北京市东城区青年湖南街13号　邮政编码100011）
印　　装：北京盛通数码印刷有限公司
787mm×1092mm　1/16　印张15¼　字数376千字
2025 年 6 月北京第 1 版第 4 次印刷

购书咨询：010-64518888　　　　　售后服务：010-64518899
网　　址：http://www.cip.com.cn
凡购买本书，如有缺损质量问题，本社销售中心负责调换。

定　　价：49.00元　　　　　　　　　版权所有　违者必究

前言

作为一种大型通用流程模拟系统，Aspen Plus 具有完善的单元操作模型、优化设计工具以及物性数据库和热力学方法，不仅可以对单元操作进行模拟，同时可以进行全流程的设计和优化。经过 40 多年的开发和推广，Aspen Plus 已广泛应用于化工及相关领域生产过程的研究开发、装置设计、生产过程控制、工艺优化及技术改造等方面，显著提高了设计效率和水平，解决了大量实际问题。此外，Aspen Tech 公司的许多软件都集成在 Aspen ONE 套装中，用户可以方便地通过内部数据传递实现 Aspen Plus 与其他软件之间的相互调用，最大限度地节约了时间并保障了数据的可靠性。

Aspen Plus 版本在不断更新，特别是从 V9 版开始较多界面和功能有了很大变化，本书以较新的 V10 版为平台编写。编者结合各自多年的教学实践和学生反馈，广泛吸收国内外相关教材和著作优点，经过两年时间的努力，完成了本书的编写工作。本书共分为两部分：第 1 部分为理论部分，包括第 1～9 章，介绍了 Aspen Plus 基本理论知识，注重将软件操作和化工理论知识结合，让学习者能从原理上了解模拟的合理性；第 2 部分为实训部分，包括第 10 章，针对化工单元操作精心设计了上机实训，有助于各院校有针对性地开展实践教学。

本书由赵云鹏、汪广恒任主编，李士凤、买尔哈巴·阿不都热合曼任副主编。第 1～5 章由中国矿业大学赵云鹏和曹景沛共同编写，第 6 章由中国矿业大学林喆和新疆大学买尔哈巴·阿不都热合曼共同编写，第 7、9 章由西安科技大学汪广恒、刘国阳和赵玮钦共同编写，第 8 章由沈阳化工大学李士凤、樊丽辉和辛华共同编写，第 10 章由赵云鹏、汪广恒、李士凤、林喆共同编写。例题视频由赵云鹏和买尔哈巴·阿不都热合曼共同录制完成，研究生卢世聪、秦硕、宋浩园、谢冰虎、高寒冰和史月以及本科生李家秋参与了习题和实训试做、图文输入和文本检查。全书由赵云鹏拟定大纲、组织编写，并审定书稿。

中国矿业大学化学工程与工艺专业为国家级一流本科专业建设点和江苏

省品牌专业建设点，多年来为我国培养出一大批化工行业专业技术人才。本书为中国矿业大学化学工程与工艺专业国家级一流本科专业建设成果教材，编写过程中得到了中国矿业大学、化学工业出版社以及兄弟院校同行的大力支持。感谢国家级一流本科专业建设项目（化学工程与工艺）、中国矿业大学"十四五"规划教材项目、辽宁省普通高等教育本科教学改革研究项目（2021-329）和中国矿业大学教学研究项目（2019YB17）的资助。此外，本书参考了相关的文献资料，在此一并表示感谢。

　　由于编者水平有限，加之时间仓促，书中难免有不足和疏漏之处，恳请读者批评指正。

编者

2022 年 8 月

目录

第 8 章　反应器模拟　158

第 9 章　能量分析基础　189

第 10 章　Aspen Plus 实训　211

第1章

Aspen Plus 简介

1.1　Aspen Plus 功能和特点

　　Aspen Plus 源于 1976 年由麻省理工学院（MIT）组织、美国能源部资助、55 个高校和公司参与开发的大型通用流程模拟软件，项目称为"过程工程的先进系统"（Advanced System for Process Engineering）。项目于 1981 年年底完成，1982 年为将其商品化，成立了 Aspen Tech 公司，并将此软件命名为 Aspen Plus。40 年来经过不断改进、扩充和提高，该软件已经推出十多个版本，目前已成为世界公认的标准大型流程模拟软件。

　　Aspen Plus 为用户提供了一套完整的单元操作模型，广泛应用于化工、制药、热能、环保等多种工程领域的新工艺开发、装置设计优化以及技术瓶颈分析和改造。全球很多大型化工、石化和炼油企业及工程公司都是 Aspen Plus 的用户，它以严格的机理模型和先进的技术赢得了广大用户的信赖。

1.1.1　Aspen Plus 的主要功能

Aspen Plus 可以用来模拟多种化工过程，其主要功能包括：

① 利用单元模块对工艺过程进行严格的质量和能量平衡计算；

② 预测物流的流量（流率）、组成和性质；

③ 预测设备尺寸、操作条件；

④ 缩短装置的设计时间并进行装置各种设计方案的比较；

⑤ 在线优化当前工艺，消除工艺瓶颈；

⑥ 回归实验数据。

Aspen Plus 可以根据模型的复杂程度进行从简单的单元操作到复杂的整个工厂的全流程模拟。分级模块和模板功能使模型的开发和维护变得更加简单。

1.1.2 Aspen Plus 的主要特点

（1）完备的物性数据库

物性模型和数据是得到精确可靠模拟结果的前提。Aspen Plus 拥有一套完整的基于状态方程和活度系数方法的物性模型。其数据库包含 2323 种有机物、2477 种无机物、3312 种固体物和 1688 种水溶电解质的基本物性参数，并且随着版本更新不断扩充和更新。计算时可自动从数据库中调用基础物性进行传递性质和热力学性质的计算。此外 Aspen Plus 还提供了几十种用于计算传递性质和热力学性质的模型方法。Aspen Plus 中的物性常数估算系统 PCES（property constant estimation system）能够通过输入分子结构和已测物性来估算缺少的物性参数。

（2）完整的单元操作模型

Aspen Plus 中有五十多种单元操作模块，所有模型都可以处理固体和电解质。通过这些模型和模块的组合，用户能模拟各种操作过程。用户可将自身的专用单元操作模型通过用户模型（user models）加入 Aspen Plus 系统，这为用户提供了极大的方便性和灵活性。

（3）强大的模型/流程分析功能

Aspen Plus 提供了多种分析工具。

① 计算器（calculator）：包含 Fortran 和 Excel 选项。

② 灵敏度分析（sensitivity）：考察工艺参数随设备规定和操作条件的变化而变化的趋势。

③ 设计规定（design specs）：计算满足工艺目标或设计要求的操作条件或设备参数。

④ 数据拟合（data fit）：将工艺模型预测结果与真实装置数据进行拟合，确保符合工程实际状况。

⑤ 优化功能（optimization）：确定装置操作条件，最大化任何规定的目标，如收率、能耗、物料纯度和工艺经济条件。

（4）完善的系统实现策略

对任一模拟系统软件，有了数据库和单元模块之后，还应有以下几项：

① 数据输入。Aspen Plus 的输入是由命令方式进行的，即通过三级命令关键字书写的语段、语句及输入数据对各种流程数据进行输入。输入文件中还可包括注解和插入的 Fortran 语句，输入文件命令解释程序可转化成用于模拟计算的各种信息。

② 解算策略。Aspen Plus 所用的解算方法为序贯模块法，对流程的计算顺序可由用户自己定义，也可由程序自动产生。对于有循环回路或设计规定的流程必须迭代收敛。关于循环物流的收敛方法有 Wegstein 法、直接迭代法、布罗伊顿法、虚位法和牛顿法等，其中虚位法和牛顿法主要用于收敛设计规定。

③ 结果输出。可把各种输入数据及模拟结果存放在报告文件中，通过命令控制输出报告文件的形式及报告文件的内容，并可在某些情况下对输出结果作图。

1.2　Aspen Plus 用户界面

按 Windows[开始]菜单/所有程序/Aspen Tech/Aspen Plus/ Aspen Plus V10 顺序，打开 **Aspen Plus User Interface**，点击 **New**，选择模板 **General with Metric Units**（通用的米制单位模板），点击 **Create**，首先进入物性界面，如图 1-1 所示。左下侧有 Properties（物性）、Simulation（模拟）、Safety Analysis（安全分析）和 Energy Analysis（能量分析）四个选项，点击可以进入或切换界面。

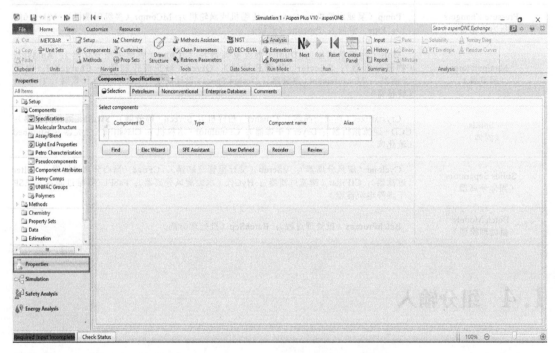

图 1-1　Aspen Plus 物性界面

1.3　单元操作模型

Aspen Plus V10 提供了 10 类单元操作模型和 1 个用户自定义模型供用户选择使用，10 类单元操作模型及包含的模块见表 1-1。

表 1-1　Aspen Plus 10 类单元操作模型及包含的模块

单元操作模型	单元操作模块
Mixers/Splitters （混合器/分流器）	Mixer（混合器）；FSplit（物流分流器）；SSplit（子物流分流器）

单元操作模型	单元操作模块
Separators（分离器）	Flash2（两相闪蒸器）；Flash3（三相闪蒸器）；Decanter（倾析器）；Sep（组分分离器）；Sep2（两组分分离器）
Exchangers（换热器）	Heater（加热器或冷却器）；HeatX（两物流换热器）；MHeatX（多物流换热器）；HXFlux（热传递计算）
Columns（塔器）	DSTWU（简捷法精馏设计）；Distl（简捷法精馏核算）；RadFrac（严格法精馏）；Extract（萃取）；MultiFrac（严格法多塔精馏）；SCFrac（简捷法多塔精馏）；PetroFrac（严格法石油炼制分馏）；ConSep（概念设计精馏）
Reactors（反应器）	RStoic（化学计量反应器）；RYield（产率反应器）；REquil（平衡反应器）；RGibbs（吉布斯反应器）；RCSTR（全混釜反应器）；RPlug（平推流反应器）；RBatch（间歇反应器）
Pressure Changers（压力变化器）	Pump（泵或水轮机）；Compr（压缩机或涡轮机）；MCompr（多级压缩机）；Valve（阀门）；Pipe（管段）；Pipeline（管线）
Manipulators（调节器）	Mult（物流倍增器）；Dupl（物流复制器）；ClChng（物流类型变化器）；Analyzer（物流分析器）；Selector（物流选择器）；Qtvec（热负荷控制器）；Chargebal（电荷平衡器）；Measurement（测量器）；Design Specs（设计规定）；Calculator（计算器）；Transfer（转移器）
Solids（固体）	Crystallizer（连续结晶器）；Crusher（粉碎机）；Screen（筛分器）；SWash（固体洗涤器）；CCD（逆流倾析器）；Dryer（干燥器）；Granulator（造粒机）；Classifier（分类器）；Fluidbed（流化床）
Solids Separators（固体分离器）	Cyclone（旋风分离器）；VScrub（文丘里管洗刷器）；CFuge（离心分离过滤器）；Filter（过滤器）；CfFilter（错流过滤器）；HyCyc（水力旋风分离器）；FabFl（纤维过滤器）；ESP（干燥静电沉淀器）
Batch Models（批处理模型）	BatchProcess（批处理过程）；BatchSep（批处理分离）

1.4 组分输入

进入 **Properties | Components | Specifications | Selection** 界面，对于氧气、氢气和水等常见的小分子组分，可以直接在 Component ID 框中输入英文名称或分子式回车，如图 1-2 所示。

> ❖ **注意**：Component ID 框中最多输入 8 个字母。为了便于对组分进行区分，双击 Component ID 框可以进行重命名。

对于分子结构复杂的化合物或存在异构体的化合物，可以通过分子式查找的方法将组分输入系统。如需要输入组分二甲醚，但分子式 C_2H_6O 存在乙醇和二甲醚两种异构体。点击组分输入页面下方的 **Find** 按钮，弹出 Find Compounds 对话框，在 Name or Alias 的 Contains 框中输入 C2H6O。点击 **Find Now** 按钮，查找出 Aspen Plus 数据库中分子式包含 C_2H_6O 的所有化合物，可以看到二甲醚（DIMETHYL-ETHER），如图 1-3 所示。

左键点击选中 DIMETHYL-ETHER，点击左下角 **Add selected compounds** 按钮即可把二甲醚输入，如图 1-4 所示。

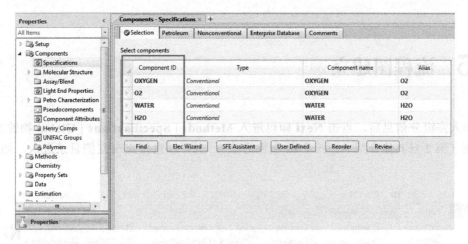

图 1-2　简单小分子组分的输入

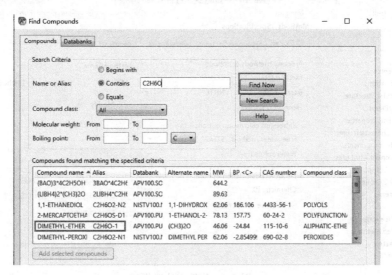

图 1-3　组分查找页面

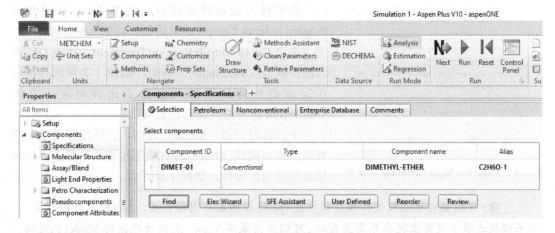

图 1-4　组分输入

1.5　流程图建立

输入完组分信息后，点击 **Next** 即可进入 **Methods | Specifications | Global** 物性方法选择页面（第 2 章具体介绍 Aspen Plus 物性方法），也可以直接点击左侧目录进入，如图 1-5 所示。

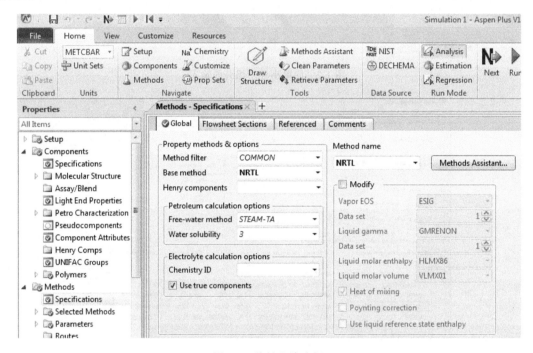

图 1-5　物性方法选择

图 1-6　Properties Input Complete 对话框

在物性方法选择完成后，点击 **Next** 按钮弹出 Properties Input Complete 对话框，如图 1-6 所示。

选中 **Go to Simulation environment**，点击 **OK** 进入流程模拟（Simulation）页面，如图 1-7 所示。也可在完成物性方法选择后直接点击界面左下方的 **Simulation** 选项进入流程模拟页面。

下面以混合器（Mixer）为例，介绍流程图建立的方法。点击模块 Mixer 的右侧下拉箭头，弹出 Mixer 模块的可选择图标，如图 1-8 所示。

❖ **注意**：可根据实际流程选择相应模块图标，模拟结果与图标无关，只与输入数据有关；如果模块选项卡没有出现在界面主窗口，可以点击菜单 View，点击功能区的 Model Palette 图标即可显示模块选项卡。

图 1-7　流程模拟页面

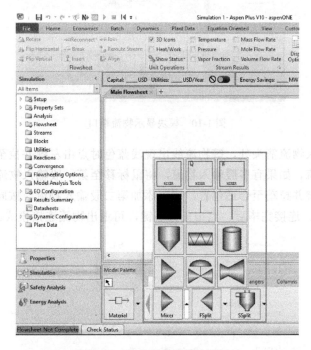

图 1-8　选择混合器模块图标

左键选中 **HOPPER** 图标后，移动鼠标至绘图区，点击左键放置模块 B1（模块自动命名），如图 1-9 所示。

点击模块选项卡左侧 **Material** 按钮（通过下拉箭头可以选择热流或功流），将鼠标移至绘图区，模块上出现红色和蓝色的物流输入和输出端口，如图 1-10 所示。红色表示必需物流，用户必须添加；蓝色为可选物流，用户在需要时可以自行添加。

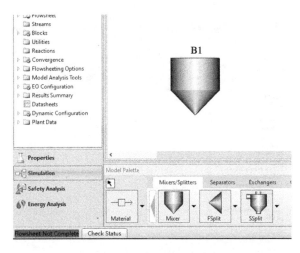

图 1-9 添加混合器模块

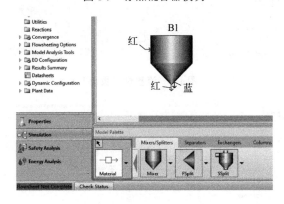

图 1-10 模块显示物流端口

将鼠标移至输入物流箭头处,等物流线出现浅蓝色时点击左键并拉至合适位置,即可成功连接一股输入物流。如果有多股输入物流,将鼠标移至第一股输入物流箭头处,等箭头出现浅黄色时点击左键并拉动至合适位置,即可添加第二股输入物流。按同样方法连接输出物流,如图 1-11 所示。连接完毕后,点击鼠标右键,可退出物流连接模式。

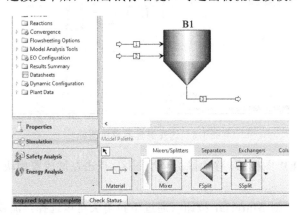

图 1-11 添加模块和物流

添加的模块和物流为系统自动命名,双击模块和物流名称可对模块和物流重命名。

点击 **File | Options**，将 Flowsheet 页面下 Stream and unit operation labels 的第 1 项 Automatically assign block name with prefix 和第 3 项 Automatically assign stream name with prefix 取消选择，如图 1-12 所示。点击 **OK**，再次添加模块和物流时会出现输入模块和物流名称的对话框。

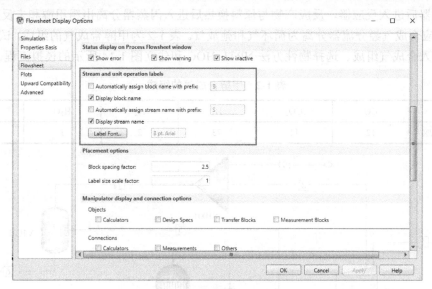

图 1-12　设置物流和模块命名方式

选中物流线点击右键可弹出物流更改功能选项卡，见图 1-13。如选择 **Align Blocks** 可校直弯曲的物流线，选择 **Reconnect | Reconnect Destination** 可将未连接到模块的输入物流连接至模块，选择 **Reconnect | Reconnect Source** 可将未连接到模块的输出物流连接至模块。同样，选中模块点击右键可弹出模块更改功能选项卡。

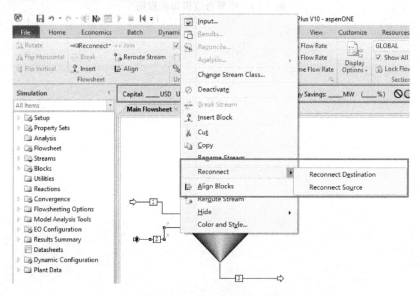

图 1-13　查看物流更改功能

习 题

甲醇合成模拟流程如图 1-14 所示。新鲜气与循环气经过压缩机加压至一定压力，合成气经过换热器后进入反应器，反应产物与原料换热后进入闪蒸器分离出粗甲醇和未反应的合成气，未反应合成气经分流器分离为循环气和弛放气。表 1-2 为甲醇合成气的组成，试在 Aspen Plus 中输入合成气组成、选择物性方法 NRTL-HOC 和建立图 1-14 所示的模拟流程。

表 1-2 甲醇合成气的组成

组分	CO	CO$_2$	H$_2$	N$_2$	H$_2$O	CH$_4$
摩尔分数/%	12	11	73	2	1	1

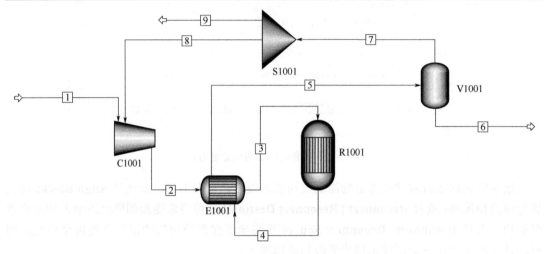

图 1-14 甲醇合成模拟流程图

第2章

物性方法与分析估算

物性方法（property method）是模拟计算中所需方法（method）和模型（model）的集合。与其他流程模拟软件相比，Aspen Plus 的优势在于提供了丰富和完备的物性数据库，可用来计算热力学性质（K 值或逸度系数、焓、熵、Gibbs 自由能、体积）和传递性质（黏度、传热系数、扩散系数、表面张力）。另外，用户也可以修改现有的物性方法或建立新的物性方法。物性是模拟计算、分析决策的基础，要获得精确的模拟结果，选择正确的物性方法和精确的物性参数十分关键。

2.1　Aspen Plus 中的物性方法

Aspen Plus 提供的物性方法包括理想模型法、状态方程（EOS，equation of state）法、活度系数法和特殊物性方法。物性方法的选择取决于非理想行为程度和操作条件。

（1）理想模型法

理想体系符合理想气体定律和拉乌尔定律，推荐用于可视为理想状态的体系，如减压或低压下的非极性组分或同分异构体系。通常，将低压（<0.2MPa）高温的气体视为理想气体，将相互作用很小（如碳数相同的链烷烃）或者相互作用彼此抵消的液体（如水和丙酮）视为理想液体。非理想体系是指分子大小、形状差异较大，或者带极性基团的体系，如醇类、羧酸、含杂原子有机物等。理想模型法（表 2-1）不能处理非理想体系。

表 2-1　理想模型法

方法	K 值计算方法
IDEAL	理想气体/拉乌尔定律/亨利定律
SYSOP0	理想气体/拉乌尔定律

（2）状态方程法

状态方程法（表 2-2）适用于很宽的温度和压力范围，包括亚临界和超临界范围，适用

于烃类系统及带有 N_2、CO_2 和 H_2S 等小分子气体的体系。

表 2-2　状态方程法

方法		状态方程
基于 Lee 方程的物性方法	BWR-LS	BWR Lee-Starling
	LK-PLOCK	Lee-Kesler-Plöcker
基于 PR 方程的物性方法	PENG-ROB	Peng-Robinson
	PR-BM	带有 Boston-Mathias α 函数的 Peng-Robinson
	PRWS	带有 Wong-Sandler 混合规则的 Peng-Robinson
	PRMHV2	带有 Huron-Vidal 混合规则的 Peng-Robinson
基于 RK 方程的物性方法	PSRK	Predictive Redlich-Kwong-Soave
	RKSWS	带有 Wong-Sandler 混合规则的 Redlich-Kwong-Soave
	RKSMHV2	带有修正的 Huron-Vidal 混合规则的 Redlich-Kwong-Soave
	RK-ASPEN	Redlich-Kwong-Aspen
	RK-SOAVE	Redlich-Kwong-Soave
	RKS-BM	带有 Boston-Mathias α 函数的 Redlich-Kwong-Soave
其他物性方法	SR-POLAR	Schwartzentruber-Renon

（3）活度系数法

活度系数法（表 2-3）用于低压下（1MPa）高度非理想液体混合物，需要有二元交互参数。对在低压下含有可溶气体并且其浓度很小的系统，使用亨利定律；对在高压下的非理想化学系统，用灵活的、具有预测功能的状态方程。

表 2-3　活度系数法

方法		液相活度系数计算方法	气相逸度系数计算方法
基于 PITZER 的物性方法	PITZER	Pitzer	Redlich-Kwong-Soave
	PITZ-HG	Pitzer	Redlich-Kwong-Soave
	B-PITZER	Bromley-Pitzer	Redlich-Kwong-Soave
基于 WILSON 的物性方法	WILSON	Wilson	理想气体
	WILS-HOC	Wilson	Hayden-O'Connell
	WILS-NTH	Wilson	Nothnagel
	WILS-RK	Wilson	Redlich-Kwong
	WILS-2	Wilson-2	理想气体
	WILS-HF	Wilson（理想气体和液体焓参考状态）	HF hexamerization model
	WILS-GLR	Wilson（液体焓参考状态）	理想气体
	WILS-LR	Wilson（带体积相）	理想气体
	WILS-VOL	Wilson	Redlich-Kwong

方法		液相活度系数计算方法	气相逸度系数计算方法
基于 NRTL 的物性方法	ELECNRTL	electrolyte NRTL	Redlich-Kwong
	ENRTL-HF	electrolyte NRTL	HF equation of state
	ENRTL-HG	electrolyte NRTL	Redlich-Kwong
	ENRTL-RK	unsymmetric electrolyte NRTL	Redlich-Kwong
	ENRTL-SR	symmetric electrolyte NRTL	Redlich-Kwong
	NRTL	NRTL	理想气体
	NRTL-HOC	NRTL	Hayden-O'Connell
	NRTL-NTH	NRTL	Nothnagel
	NRTL-RK	NRTL	Redlich-Kwong
	NRTL-2	NRTL-2	理想气体
基于 UNIQUAC 的物性方法	UNIQUAC	UNIQUAC	理想气体
	UNIQ-HOC	UNIQUAC	Hayden-O'Connell
	UNIQ-NTH	UNIQUAC	Nothnagel
	UNIQ-RK	UNIQUAC	Redlich-Kwong
	UNIQ-2	UNIQUAC-2	理想气体
基于 UNIFAC 的物性方法	UNIFAC	UNIFAC	Redlich-Kwong
	UNIF-DMD	Dortmund modified UNIFAC	Redlich-Kwong-Soave
	UNIF-HOC	UNIFAC	Hayden-O'Connell
	UNIF-LBY	Lyngby modified UNIFAC	理想气体
	UNIF-LL	UNIFAC 液-液系统	Redlich-Kwong
基于 VANLAAR 的物性方法	VANLAAR	Van Laar	理想气体
	VANL-HOC	Van Laar	Hayden-O'Connell
	VANL-NTH	Van Laar	Nothnagel
	VANL-RK	Van Laar	Redlich-Kwong
	VANL-2	Van Laar-2	理想气体

WILSON 模型是基于局部组成概念提出的，能用较少的特征参数关联和推算混合物的相平衡，特别是能很好地关联非理想性较高系统的气液平衡，在含烃、醇、醚、酮、酯类以及含水、硫、卤类的互溶溶液的气液平衡研究中得到广泛的应用，但不能用于部分互溶体系。

NRTL（non-random two liquid，非随机双液相）模型与 WILSON 模型的模拟精度相近，并且能用于模拟部分互溶体系的液液平衡。

UNIQUAC 模型比 WILSON 和 NRTL 模型复杂，但精度更高、通用性更好，适用于含非极性和极性组分（如烃类、醇、酮、醛、腈和有机酸等）以及各种非电解质的溶液（包括部分互溶体系）。

UNIFAC 模型是将基团贡献法应用于 UNIQUAC 模型而建立起来的，具有越来越广泛的应用。

VANLAAR 模型对于较简单的系统能获得较理想的结果，但在多元气液平衡体系中应用不太理想。

为了弥补状态方程和活度系数模型各自的不足，也可以采用活度系数模型和状态方程相结合的物性方法，如 NRTL-RK 模型等。

（4）特殊物性方法

特殊物性方法（表 2-4）包括电解质物性方法、固体物性方法和蒸汽表物性方法。

电解质溶液含有带电粒子，是一种强非理想体系。AMINES 和 APISOUR 为两种基于关联式的电解质物性方法。AMINES 主要用于含 H_2O、H_2S、CO_2、四种乙醇胺中的一种以及其他典型组分的体系，四种乙醇胺分别为单乙醇胺（MEA）、二乙醇胺（DEA）、二异丙醇胺（DIPA）、二甘醇胺（DGA）；APISOUR 用于处理含有 NH_3、CO_2 和 H_2S 的酸性水体系，适用温度为 $20 \sim 140℃$。此外，基于活度系数法的电解质物性方法见表 2-3 中 ELECNRTL、ENRTL-HF、ENRTL-HG、ENRTL-RK 、ENRTL-SR、PITZER、B-PITZER 和 PITZ-HG。

固体物性方法（SOLIDS）用于煤炭加工、冶金及其他固体加工过程。固体与流体的物性计算不能采用相同的模型，因此将固体组分分配到 MIXED、CISOLID 和 NC 类型的子物流中，利用合适的物性方法分别计算。

Aspen Plus 物性系统提供了用于计算纯水或水蒸气体系热力学性质的蒸汽表物性方法，如 STEAM-TA 和 STEAMNBS。

表 2-4　特殊物性方法

方法	K 值计算方法	适用范围
AMINES	Kent-Eisenberg 有机胺模型	H_2S、CO_2 溶解在 MEA、DEA、DIPA、DGA 中
APISOUR	API 酸水方法	含有 NH_3、H_2S、CO_2 的废水处理
SOLIDS	理想气体/拉乌尔定律/亨利定律/固体活度系数	高温冶金
STEAM-TA	ASME 蒸汽表关联式	水/蒸汽
STEAMNBS	NBS/NRC 蒸汽表状态方程	水/蒸汽

2.2　物性方法的选择

Aspen Plus 物性方法的选择取决于模拟物系的非理想程度和操作条件。在进行模拟计算时，可依照物系组成和操作条件根据经验选取，也可由 Aspen Plus 帮助系统进行选择。

2.2.1　经验选取法

根据经验选取物性方法的总原则如图 2-1 所示，极性非电解质物系的物性方法选择原则如图 2-2 所示，活度系数物性方法选择原则如图 2-3 所示。

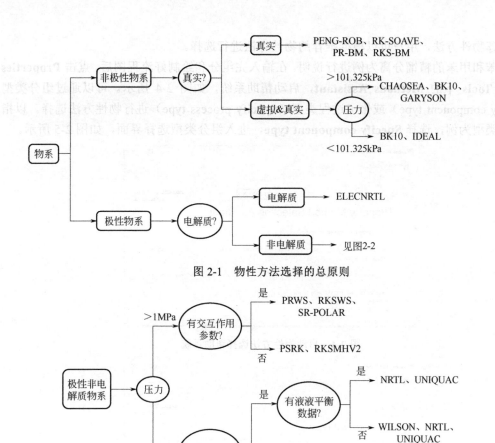

图 2-1 物性方法选择的总原则

图 2-2 极性非电解质物系物性方法选择的原则

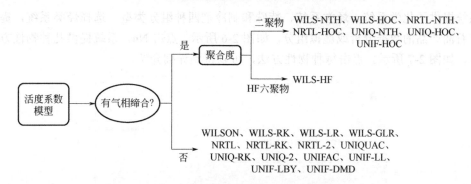

图 2-3 活度系数物性方法选择的原则

2.2.2 物性方法选择帮助系统法

Aspen Plus 为用户提供了物性方法选择帮助系统，系统会根据组分的性质或模拟过程的特点推荐物性方法，用户可以根据推荐的物性方法进行选择。

　　以苯和甲苯的精馏分离为例进行说明。在输入完组分和绘制好流程图后，点击 **Properties** 菜单栏 **Tools** 下的 **Methods Assistant**，启动帮助系统，如图 2-4 所示。可以通过组分类型（Specify component type）或化工过程类型（Specify process type）进行物性方法选择。以指定组分类型为例，选择 **Specify component type**，进入组分类型选择界面，如图 2-5 所示。

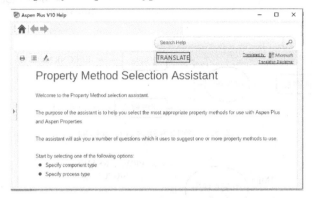

图 2-4　启动物性方法选择帮助系统

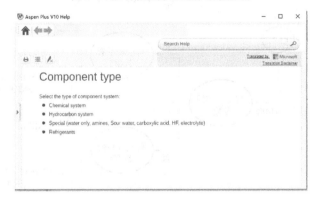

图 2-5　组分类型选择

　　系统提供了化学系统、烃类系统、特殊和制冷剂四种组分类型，选择烃类系统，提示是否含有石油产品的数据分析或虚拟组分，如图 2-6 所示。点击 **No**，系统提供几种物性方法作为参考，如图 2-7 所示。点击每种物性方法，可以得到详细介绍。

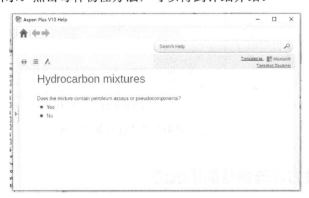

图 2-6　系统提示对话框

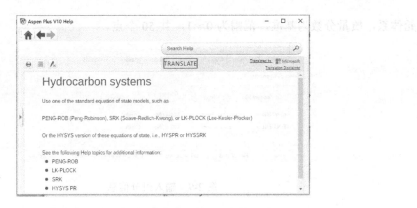

图 2-7　系统提供的物性方法

2.3　物性分析

例 2-1　运用物性分析功能分析苯/甲苯体系在 1atm（1atm=101.325kPa）下的 T-x-y、y-x 曲线（质量分数），物性方法选择 RK-SOAVE。

步骤 1：全局性参数设置。启动 Aspen Plus，点击 **New**，选择模板 **General with Metric Units**，点击 **Create**。点击菜单栏中 **File | Save As**，选择保存路径，将文件保存为 Example 2.1.apw。点击 **Next** 按钮或从左侧目录进入 **Setup | Specifications | Global** 全局设定页面，在名称（Title）框中输入 Property Analysis（也可以不输入名称，不影响模拟），选择有效相态，如图 2-8 所示。

❖ **注意**：随时对模拟文件进行保存，以防程序中断或电脑死机引起数据丢失。

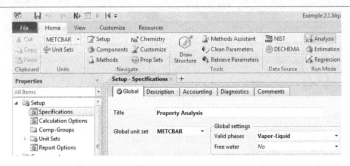

图 2-8　全局设定

步骤 2：输入组分信息。单击 **Next** 按钮，进入组分输入页面，输入组分苯（BENZENE）和甲苯（TOLUENE），如图 2-9 所示。

步骤 3：选择物性方法。单击 **Next** 按钮或从左侧目录进入 **Methods | Specifications | Global** 页面，物性方法选择 RK-SOAVE，如图 2-10 所示。

步骤 4：物性分析参数设置。点击主页右上方菜单中的 **Binary**，进入双组分分析项目 **BINRY-1** 页面（图 2-11），Analysis type 选择 **Txy**（给定压力下的温度/液/气组成），苯/甲苯二元体系，质量分数为基准，范围为0～1，共50个点。

图2-9　输入组分信息

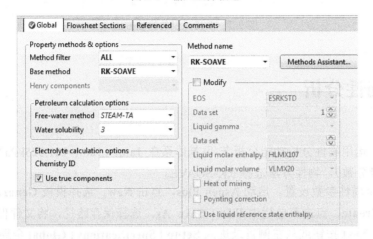

图2-10　选择物性方法

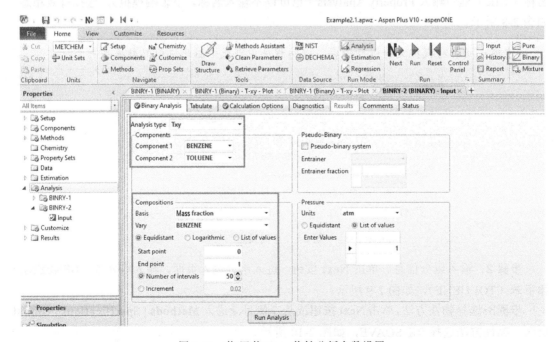

图2-11　苯/甲苯 *T-x-y* 物性分析参数设置

步骤5：物性分析。点击 **Run Analysis** 按钮得到 *T-x-y* 曲线，如图2-12所示。

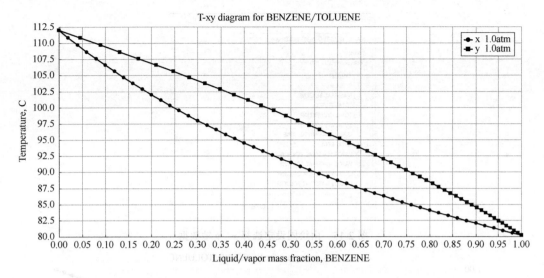

图 2-12　苯/甲苯 T-x-y 曲线

点击 **Analysis | BINRY-1 | Results**，可以看到 T-x-y 数据，如图 2-13 所示。

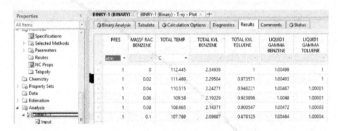

图 2-13　苯/甲苯 T-x-y 数据

点击右上角绘图（**Plot**）菜单中的 **y-x** 选项（图 2-14），或者选择 **Plot** 中 **Custom**，在 x 轴选择液相中苯的质量分数，y 轴选择气相中苯的质量分数，如图 2-15 所示。点击 **OK** 按钮，得到苯的 **y-x** 曲线（图 2-16）。

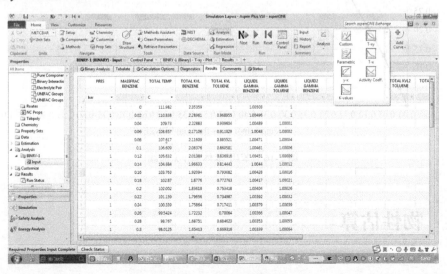

图 2-14　绘图功能选项

图 2-15　由绘图设定选择 *x*、*y* 轴数据

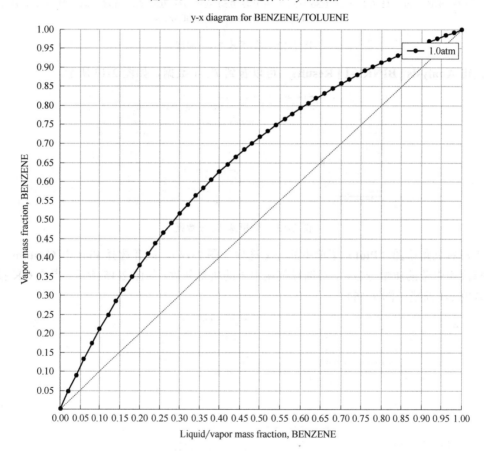

图 2-16　苯/甲苯体系 *y-x* 曲线

2.4　物性估算

物性估算是估算物性系统数据库缺少的物性参数，如纯组分的物性常数、与温度有关的

模型参数、NRTL 和 UNIQUAC 等物性方法的二元交互参数、UNIFAC 方法的基团参数等。估算以化合物结构式的基团贡献法和对比状态相关性为基础，也可以把实验数据引入估算中。进行化合物物性估算时首先需要给除 H 原子外的原子编号，定义化合物的分子结构。

Aspen Plus 可用的化学键类型见表 2-5。

表 2-5　Aspen Plus 可用化学键类型

Bond type	化学键类型	Bond type	化学键类型
single bond	单键	saturated 5-membered ring	饱和五元环
double bond	双键	saturated 6-membered ring	饱和六元环
triple bond	叁键	saturated 7-membered ring	饱和七元环
benzene ring	苯环	saturated hydrocarbon chain	饱和烃链

例 2-2　估算二聚物"2,2-二乙氧基乙醇"的物性。已知 2,2-二乙氧基乙醇的分子式为 $(CH_3CH_2O)_2CH_2CH_2OH$，沸点为 195℃。

步骤 1：选择物性估算模式。启动 Aspen Plus 进入 **Properties** 界面，在 Home 功能区选项卡中选择 Run Mode 为 **Estimation**，如图 2-17 所示。

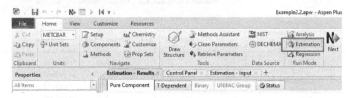

图 2-17　选择运行类型

进入 **Estimation | Input | Setup** 页面，选择 Estimate all missing parameters（默认选项），如图 2-18 所示。

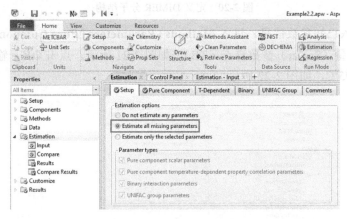

图 2-18　设置物性估算选项

步骤 2：输入组分信息。从页面左侧目录进入 **Components | Specifications | Selection** 页面，2,2-二乙氧基乙醇不是数据库中的组分，输入其 Component ID 为 DIMER，如图 2-19 所示。

先将 2,2-二乙氧基乙醇中除 H 原子外的原子编号，即 C1-C2-O3-C4-C5-O6-C7-C8-O9，然后在 **Components | Molecular Structure | DIMER | General** 页面中定义 2,2-二乙氧基乙醇的结构，如图 2-20 所示。

图 2-19　输入非数据库组分 ID（DIMER）

> ❖ **注意：** 也可以在 Components | Molecular Structure | DIMER | Structure 页面绘制 2,2-二乙氧基乙醇的分子结构或者在 ChemDraw 中绘制后保存为*.mol 格式导入。

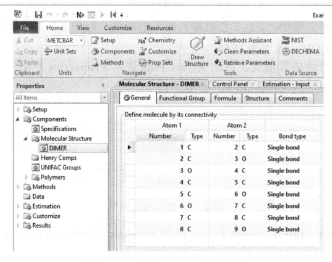

图 2-20　定义 DIMER 分子结构

步骤 3：输入已知参数信息。进入 **Methods | Parameters | Pure Components** 页面，点击 **New** 新建一个标量（Scalar）参数沸点（TB），如图 2-21 所示。点击 **OK**，输入 DIMER 的标准沸点（TB）195℃，如图 2-22 所示。

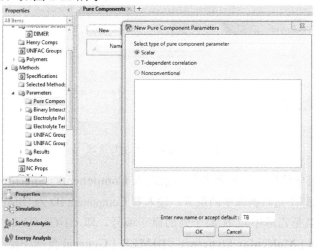

图 2-21　新建标量参数沸点（TB）

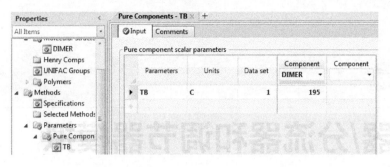

图 2-22　输入 DIMER 标准沸点（TB）

步骤 4：运行和查看结果。点击 **Run** 按钮运行后在 **Estimation | Results** 查看 2,2-二乙氧基乙醇物性参数估算结果，如图 2-23 所示。

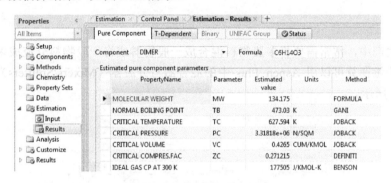

图 2-23　物性参数估算结果

> ◈**注意：**①如果在流程模拟中使用估算的物性参数，需在估算完成后进入 Estimation | Input | Setup 页面，选择 Do not estimate any parameters；②如果需要重新估算，应将原来已经估算的参数删除，否则系统会认为已经有相应参数而不再进行估算。

 习　题

2-1　模拟水/丙酮/氯仿体系，物性方法采用 NRTL。（1）分析在 30～120℃范围内，氯仿蒸气压与温度的关系；（2）分析水/丙酮体系在 1atm 时的气液平衡关系；（3）分析该三元体系的液液平衡关系。

2-2　估算非数据库组分 2-甲基-1,3-二噁烷的物性数据。已知 2-甲基-1,3-二噁烷分子式为 $C_5H_{10}O_2$，分子结构如图 2-24 所示，沸点为 110℃。

$$H_3C$$

图 2-24　2-甲基-1,3-二噁烷分子结构

扫码看资源

第3章

混合器/分流器和调节器模拟

在化工生产中，常常需要将多股物料混合成一股物料或将一股物料分流成多股物料，涉及的质量和能量衡算可以用 Aspen Plus 中的混合器与分流器（Mixers/Splitters）模块进行模拟，如图 3-1 所示。

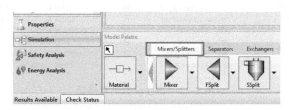

图 3-1　混合器与分流器模块

调节器（Manipulators）模块下有多种操作单元类型（图 3-2），本章仅对物流倍增器（Mult）和物流复制器（Dupl）进行介绍。

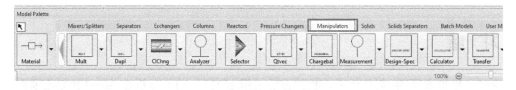

图 3-2　调节器单元操作模块

3.1　混合器

混合器（Mixers）把两股或多股进料物流（或热流或功流）混合成一股出口物流，可用于模拟混合三通或其他类型的物流混合操作。当混合物流时，该模块提供一个可选的水倾析（water decant）物流。

当混合热流或功流时，混合器模块不需要任何工艺规定。当混合物流时，可以指定出口压力或压降，如果指定压降，该模块检测最低进料物流压力，以计算出口压力。如果没有指定出口压力或压降，该模块使用最低进料物流压力作为出口物流压力。此外，需要指定出口物流的有效相态（valid phases）。下面以例 3-1 和例 3-2 介绍混合器的用法。

例 3-1 将一股 1000m³/h 的低浓度甲醇（甲醇和水的质量分数分别为 30%和 70%，40℃，1bar）与一股 700m³/h 的高浓度甲醇（甲醇和水的质量分数分别为 95%和 5%，20℃，2bar）混合，求混合后的温度和体积流量。物性方法选择 NRTL。1bar=0.1MPa。

解：用 Aspen Plus 软件中的混合器模块 "Mixer" 计算。

步骤 1：全局性参数设置。启动 Aspen Plus，选择 **General with Metric Units**，文件保存为 Example 3.1.apw。进入 **Setup | Specifications | Global** 页面，在名称（Title）框中输入 Mixer。

步骤 2：输入组分信息。单击 **Next** 按钮，进入组分输入页面，在 Component ID 中输入 METHANOL 和 WATER。

步骤 3：选择物性方法。单击 **Next** 按钮，选择物性方法，选用 NRTL。

步骤 4：建立流程。单击 **Next** 按钮，进入模拟页面，绘制流程图，如图 3-3 所示。

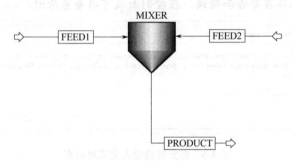

图 3-3 甲醇混合流程图

步骤 5：输入进料信息。单击 **Next** 按钮或双击 **FEED1** 物流线进入低浓度甲醇物流输入页面，将低浓度甲醇的物流信息输入，如图 3-4 所示。按同样方法输入高浓度甲醇物流信息，如图 3-5 所示。输入物流 Flash Type 有温度（Temperature）、压力（Pressure）和气相分数（Vapor Fraction）可供选择，自由度是 2，根据已知条件输入三者中的两个即可。

❖ **注意**：在输入物流流量和组成时注意选择正确的流量和组成基准，组成以浓度为基准时只能输入小数，不能输入百分数。

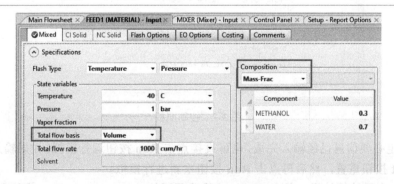

图 3-4 输入低浓度甲醇物流信息

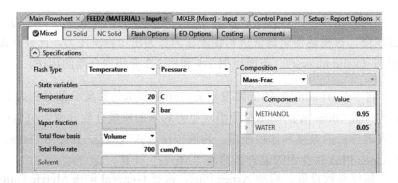

图 3-5　输入高浓度甲醇物流信息

步骤 6：运行流程。单击 **Next** 按钮，弹出 **Required Input Complete** 对话框，提示用户必要信息输入完成，如图 3-6 所示。点击 **OK**，运行模拟。从弹出来的控制面板可以看出，模拟计算完成，没有警告和错误产生，如图 3-7 所示。

❖ **注意**：如果模拟存在警告和错误，在控制面板可以查看原因。

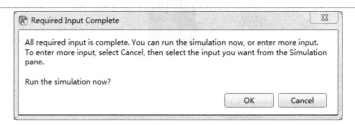

图 3-6　必要信息输入完成对话框

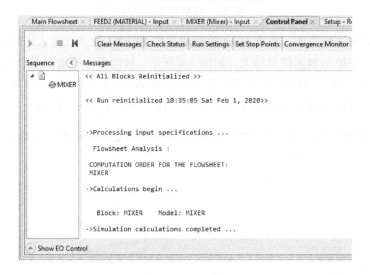

图 3-7　控制面板

如果确定必要信息已经输入完成，也可直接点击 **Run** 按钮运行模拟。如果输入信息改动，先点击 **Reset** 按钮重置，然后再点击 **Run** 按钮重新进行模拟。

步骤 7：查看计算结果。单击 **Home** 功能选项区的 **Stream Summary** 或从左侧目录进入 **Blocks | Results Summary | Material** 页面，可以查看 PRODUCT 的温度为 36.63℃和体积流

量为 1719.64m³/h（向下拉右边的工具条）以及其他信息，如图 3-8 所示。如果没有显示体积流量，需要进入 **Setup | Report Options | Stream** 页面，将输出流量基准中的体积流量选中。

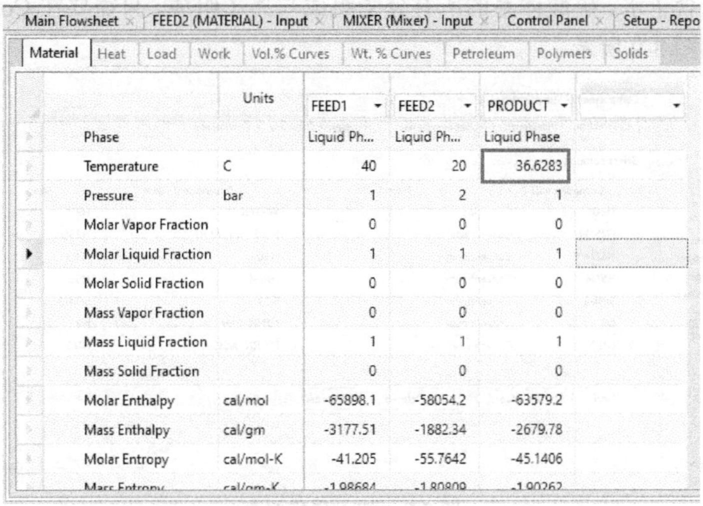

图 3-8　物流 PRODUCT 结果

例3-2　硝基苯是一种有机合成中间体，常用作生产苯胺、染料、香料、炸药等的原料。其生产方法是以苯为原料，以硝酸和硫酸的混合酸为硝化剂，对苯进行硝化而制得。常温（25℃）常压（1atm）下，用以下三种酸（组成见表 3-1）配制硝化混合酸，要求混合酸（质量分数）含 27% 的 HNO_3 和 60% 的 H_2SO_4。混合酸的流量为 2000kg/h，求三种原料酸的流量和混合酸的温度、密度、黏度、表面张力等参数。

表 3-1　三种原料酸的组成（质量分数）

酸类型	HNO_3	H_2SO_4	水
循环酸	0.22	0.57	0.21
浓硫酸	—	0.93	0.07
浓硝酸	0.90	—	0.10

解：设循环酸、浓硫酸、浓硝酸原料的质量流量分别为 $x$kg/h、$y$kg/h、$z$kg/h，根据硝酸、硫酸和水平衡表列出物料衡算方程组：

$$0.22x + 0.90z = 2000 \times 27\%$$
$$0.57x + 0.93y = 2000 \times 60\%$$
$$0.21x + 0.07y + 0.10z = 2000 \times (1-27\%-60\%)$$

可以得出循环酸、浓硫酸、浓硝酸原料的质量流量分别为 768.85kg/h、819.00kg/h、412.06kg/h。

下面利用混合器模块"Mixer"模拟混合酸的性质。

步骤 1：选择电解质过程数据包。在安装盘目录 GUI 文件夹的 Elecins 子文件夹中，选择水与硫酸的电解质过程数据包 eh2so4，把此文件拷贝到另一文件夹中打开使用，默认计算类型为 Flowsheet，在 **Setup** 页面中进行基本设定，包括输入模拟文件的标题信息、选择计量单

位。对物流输入、输出的数据格式进行设置，在 **Setup | Report Options | Stream** 页面的 Flow basis 栏和 Fraction basis 栏中选择质量流量和质量分数。单击 **Next** 按钮，进入组分输入窗口，原数据包中已包含了水、硫酸体系的所有分子组成与离子组成，只需要在 Component ID 中加入硝酸组分，如图 3-9 所示。

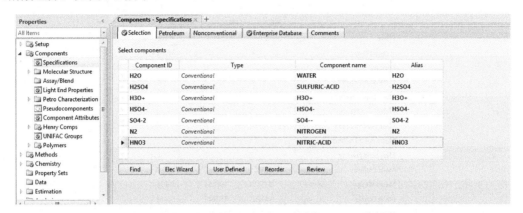

图 3-9　加入硝酸组分

步骤 2：再次确定体系的构成。加入硝酸后，溶液中的离子成分需要重新确定，单击 **Elec Wizard** 按钮，进入电解质物性方法向导窗口，如图 3-10 所示。

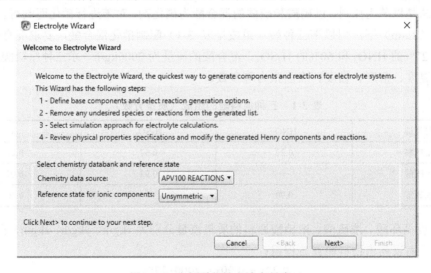

图 3-10　电解质物性方法向导窗口

单击 **Next** 按钮，进入基础组分与氢离子类型选择页面，把混合酸溶液的各个电解质组分选入 Selected components 栏目中，氢离子类型可用默认选项，如图 3-11 所示。

单击 **Next** 进入溶液离子种类和离子反应方程式确认页面。热力学模型选用 ELECNRTL，如图 3-12 所示。

单击 **Next** 予以确认。在软件询问电解质溶液组成表达方式时，选择 **Apparent component approach**，使计算结果仍然用溶液的表观组成表示，以方便阅读计算结果。离子反应后的混合酸溶液实际组分如图 3-13 所示。连续单击 **Next** 按钮，确定软件已选择的热力学模型参数、电解质离子对参数。

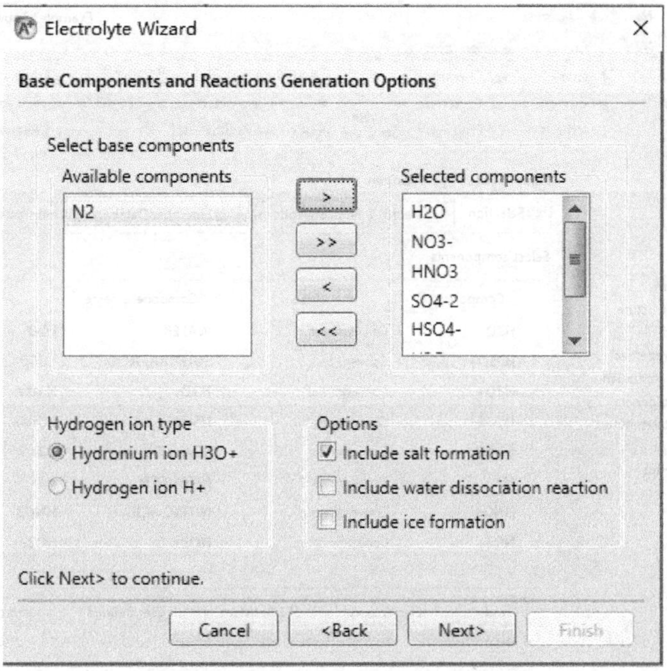

图 3-11　基础组分与氢离子类型选择

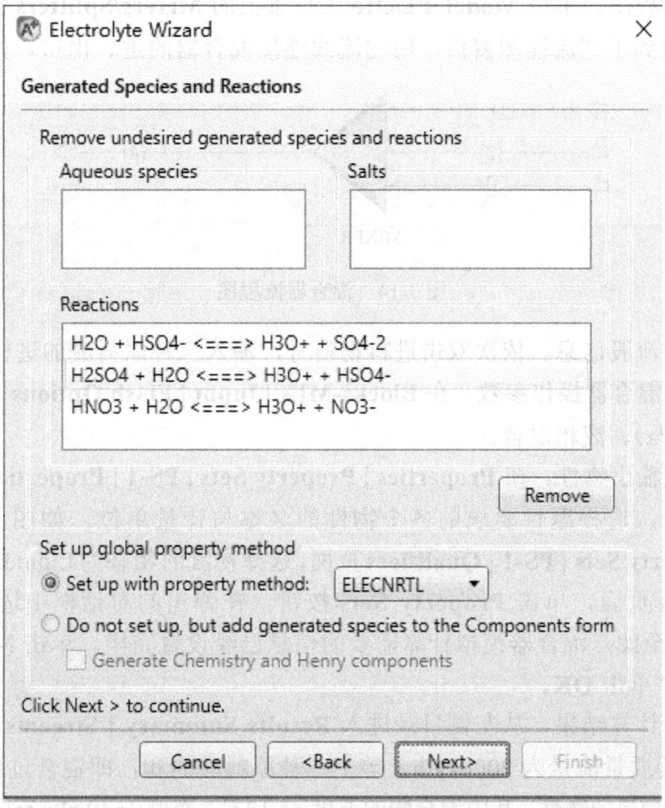

图 3-12　溶液离子种类、离子反应方程式和热力学模型确认

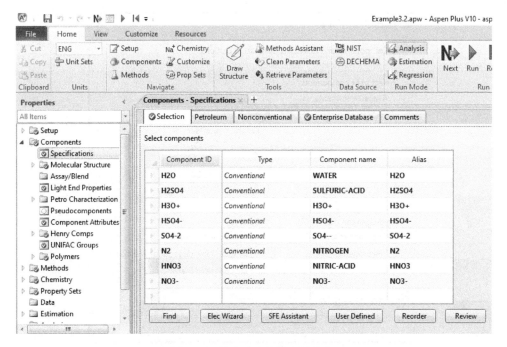

图 3-13　混合酸溶液的实际组分

步骤 3：画流程图。单击 **Model Palette** 工具条上的 **Mixers/Splitters** 标签，选择混合器模块 **Mixer**，拖放到工艺流程图窗口，用物流线连接混合器的进、出口，如图 3-14 所示。

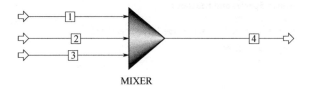

图 3-14　混合器流程图

步骤 4：设置流股信息。依次双击进料物料号，输入三种原料酸的进料物流信息。

步骤 5：设置混合器操作参数。在 **Blocks-MIX | Input | Flash Options** 页面，输入闪蒸压力 1atm（101325Pa）、液相混合。

步骤 6：设置输出物性。在 **Properties | Property Sets | PS-1 | Properties** 页面，创建一个输出物性集 **PS-1**，选择题目要求的各个物性的名称与计量单位，如图 3-15 所示，并在 **Properties | Property Sets | PS-1 | Qualifiers** 页面，选择物流的相态为 Liquid。在 **Setup | Report Options | Stream** 页面，单击 **Property Sets** 按钮，在弹出的对话框中选择物性集 **PS-1**，如图 3-16 所示。至此，混合器模拟计算需要的信息已经设置完毕。单击 **Next** 按钮，软件询问是否运行计算，单击 **OK**。

步骤 7：查看计算结果。从左侧目录进入 **Results Summary | Streams | Material** 页面可以看到，混合酸的质量流量为 2000kg/h，等于三种原料酸的和，即混合过程的总物料平衡。另外，可以看到各个流的物性，其中混合酸的温度 45.12℃，密度 1649.6kg/m³，黏度 4.46mPa·s，表面张力 0.0746N/m。

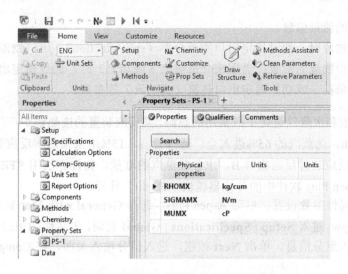

图 3-15　设置输入物性的名称和计量单位

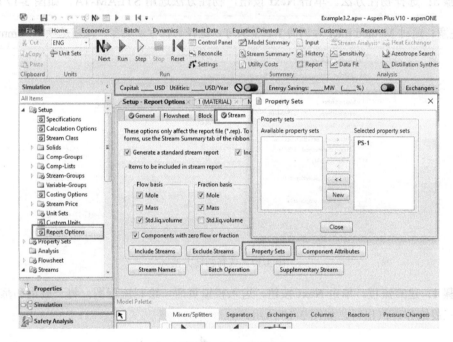

图 3-16　选择物性集

3.2　分流器

分流器（Splitters）包含 FSplit 和 SSplit 两种类型。FSplit 是将进口流股分成两个或多个组成及性质相同的流股，不论是否含有固相；SSplit 是将进口流股分流成两个或多个组成及性质相同的流股，若含有固相亦可将进口流股分流成两个或多个组成及性质均不相同的流股。用分流器可以模拟流股的分流、吹扫或放空，除了其中一个出口流股外，必须为所有其他出口流股提供规定的流量信息。

当用来分离物流时，通过指定出口物流分率（split fraction）、出口物流流量或实际体积流量等来确定出口物流的参数；当用来分离热流（或功流）时，通过指定出口产品热流（或功流）分率或热负荷（或功）确定出口热流（或功流）等参数。

例 3-3 饱和水蒸气是化工厂常用的热源。某反应装置的废热锅炉产生 4.5MPa 的饱和水蒸气 20000kg/h，此蒸汽的 65% 进入全厂蒸汽管网，15% 用来预热本反应装置反应物料 A，20% 用来预热本反应装置反应物料 B，求各股蒸汽的流量。物性方法用 STEAM-TA。

解： 用 Aspen Plus 软件中的分流器模块"FSplit"计算。

步骤 1： 全局性参数设置。启动 Aspen Plus，选择 **General with Metric Units**，文件保存为 Example 3.3.apw。进入 **Setup | Specifications | Global** 页面，在名称（Title）框中输入 FSplit。

步骤 2： 输入组分信息。单击 **Next** 按钮，进入组分输入页面，在 Component ID 中输入 WATER。

步骤 3： 选择物性方法。单击 **Next** 按钮，物性方法用 STEAM-TA，如图 3-17 所示。

❖ **注意：** 通过 Method filter 右侧的下拉箭头可以选择物性方法类型，缺省选项"Common"。

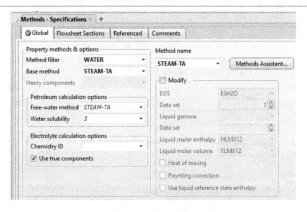

图 3-17　选择物性方法

步骤 4： 建立流程。单击 **Next** 按钮，进入模拟页面，绘制流程图，将一股饱和蒸汽进料分流成三股饱和蒸汽出料，如图 3-18 所示。

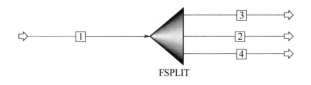

图 3-18　分流器流程图

步骤 5： 输入进料信息。单击 **Next** 按钮或双击进料物料线，输入进料信息，如图 3-19 所示。

❖ **注意：** 此处题目给定的是饱和水蒸气，也就是气相分率（Vapor Fraction）为 1，物料中仅有水，输入组成（Composition）质量分数（Mass-Frac）为 1。

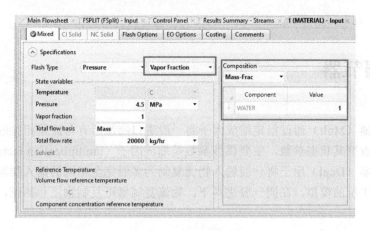

图 3-19 输入进料信息

步骤 6：设置分流器操作参数。单击 **Next** 按钮在 **Blocks | FSPLIT | Input | Specifications** 页面设置分流器操作参数，如图 3-20 所示。

❖ **注意**：只需对三股出口物料中的两股进行设置。

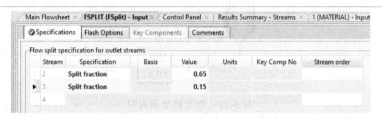

图 3-20 分流器操作参数设置

步骤 7：运行流程。单击 **Next** 按钮，出现是否运行计算对话框，单击 **OK**。

步骤 8：查看计算结果。单击 **Home** 功能选项区的 **Stream Summary** 或从左侧目录 **Blocks | FSPLIT | Stream Results** 均可查看计算结果，如图 3-21 所示。可以看出，出口物流流量总和等于进料量，达到物料平衡。

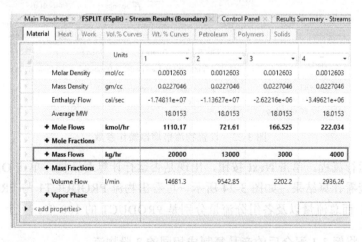

图 3-21 分流器模拟计算结果

3.3 调节器

物流倍增器（Mult）通过指定缩放因子将一股进口物流所有与流量相关的参数按照一定比例缩放而不改变其状态参数，主要模型参数是缩放因子（multiplication factor）。

物流复制器（Dupl）用于将一股输入物流复制为多股完全相同的输入物流，可用于进行相同进料不同工况的模拟。在同一股进料下，物流复制器可复制物流和热流，不遵循物料和能量平衡。

例 3-4 将例 3-1 混合后的产品流量增加到原来的 100 倍。

解：用 Aspen Plus 软件中的物流倍增器模块"Mult"计算，在例 3-1 的基础上进行。

步骤 1：建立流程。打开例题 Example 3.1.apw，选择调节器中的 **Mult | Block** 模块，建立如图 3-22 所示的流程图，文件另存为 Example 3.4.apw。

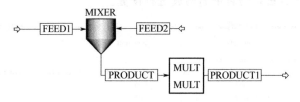

图 3-22　物流倍增器流程

步骤 2：设置操作参数。单击 **Next** 按钮在 **Blocks | MULT | Input | Specifications** 页面设置物流倍增器操作参数，如图 3-23 所示。

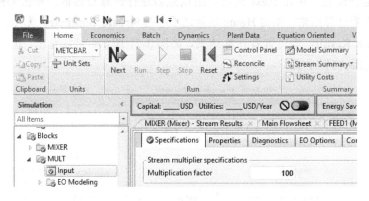

图 3-23　设置物流倍增器操作参数

步骤 3：运行流程。单击 **Next** 按钮，出现是否运行计算对话框，单击 **OK**。

步骤 4：查看计算结果。如图 3-24 所示，可看出物流 PRODUCT1 与 PRODUCT 的温度和压力均相同，而总流量以及各组分流量分别是 PRODUCT 的 100 倍。

例 3-5 将例 3-1 混合后的产品复制成相同的 2 股物流。

解：用 Aspen Plus 软件中的物流复制器模块"Dupl"计算，在例 3-1 的基础上进行。

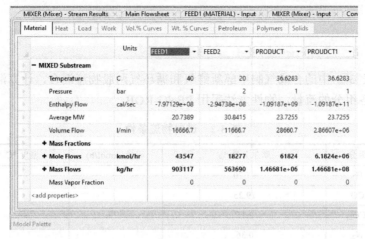

图 3-24　计算结果

步骤 1：建立流程。打开例题 Example 3.1.apw，选择调节器中的 **Dupl | Block** 模块，建立如图 3-25 所示的流程图，文件另存为 Example 3.5.apw。

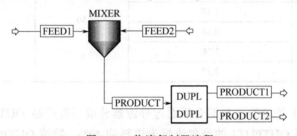

图 3-25　物流复制器流程

步骤 2：运行流程。单击 **Next** 按钮，出现是否运行计算对话框，单击 **OK**。

❖ **注意**：单击 Next 按钮并未进入物流复制器操作参数设置页面，系统自动采用默认的操作参数。如果需要修改默认的操作参数，需要从左侧目录进入 Blocks | MULT | Input | Specifications 页面进行设置。

步骤 3：查看计算结果。如图 3-26 所示，可以看出 PRODUCT1、PRODUCT2 与 PRODUCT 的温度、压力、流量及各组分的流量等所有参数均相同。

	Units	FEED1	FEED2	PRODUCT	PRODUCT1	PRODUCT2
− MIXED Substream						
Temperature	C	40	20	36.6283	36.6283	36.6283
Pressure	bar	1	2	1	1	1
Enthalpy Flow	cal/sec	-7.97129e+08	-2.94738e+08	-1.09187e+09	-1.09187e+09	-1.09187e+09
Average MW		20.7389	30.8415	23.7255	23.7255	23.7255
+ Mole Flows	kmol/hr	43547	18277	61824	61824	61824
+ Mass Flows	kg/hr	903117	563690	1.46681e+06	1.46681e+06	1.46681e+06
+ Mass Fractions						
Volume Flow	l/min	16666.7	11666.7	28660.7	28660.7	28660.7
Molar Vapor Fra...		0	0	0	0	0
+ Liquid Phase						

图 3-26　计算结果

习 题

3-1 将表 3-2 中的合成气制甲醇新鲜气和循环气两股物流混合,计算混合后合成气的温度、压力及各组分的流量。物性方法采用 PENG-ROB。

表 3-2 进料物流条件

物流	组分	摩尔分数/%	流量/(kmol/h)	温度/°C	压力/MPa
新鲜气 FEED1	H_2	67.70	100	25	4.3
	CO	29.25			
	CO_2	2.15			
	N_2	0.36			
	CH_4	0.54			
循环气 FEED2	H_2	78.60	50	40	4.3
	CO	11.25			
	CO_2	1.37			
	CH_3OH	0.63			
	N_2	5.78			
	CH_4	2.37			

3-2 将习题 3-1 的两股进料混合后通过分流器分成三股产品 OUTPUT1、OUTPUT2、OUTPUT3,要求物流 OUTPUT1 的摩尔流量为进料的 40%,物流 OUTPUT2 中 CO 的流量为 10kmol/h。计算物流 OUTPUT3 的流量。

3-3 利用倍增器将习题 3-1 混合后的物流增加到原来的 4 倍。

3-4 利用复制器将习题 3-1 混合后的物流复制成相同的 3 股物流。

第4章

压力变化器模拟

Aspen Plus 压力变化器（Pressure Changers）共有六种单元模型供选择：泵（Pump）、压缩机（Compr）、多级压缩机（MCompr）、阀门（Valve）、管段（Pipe）、管线（Pipeline）。如图 4-1 所示。

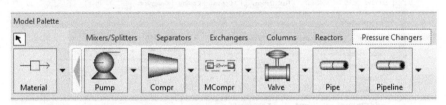

图 4-1　压力变化器单元模块

4.1　泵

泵（pump）是化工厂最常用的液体输送设备，具有构造简单、便于维修、易于排除故障、造价低、能标准化生产等特点。压力变化器中 Pump 单元模块可以模拟实际生产中的各种泵，主要用来计算将流体压力提升到一定值所需的功率。此外，该模块还可以用来模拟水轮机（hydraulic turbine）。

Pump 模型参数有 5 种设置方式，可以通过指定排出压力（discharge pressure）、压力增量（pressure increase）或压力比率（pressure ratio）计算所需功率，也可以指定所需（产生）功率（power required）来计算排出压力，还可以采用泵特性曲线数据确定排出条件（use performance curve to determine discharge conditions）。

Pump 模型参数最简单的用法是指定排出压力，并给定泵的效率（pump efficiency）和驱动机效率（driver efficiency），计算得到出口流体状态和所需的轴功率和驱动机电功率。标准的设计方法是使用泵特性曲线（performance curve）。特性曲线有三种输入方式：列表数据（tabular data）、多项式（polynomials）、用户子程序（user subroutines）。其中列表数据是最常用的特性曲线参数输入方式。下面用例 4-1 和例 4-2 说明泵模型的具体用法。

例 4-1 一水泵将压强为 1.5bar（1bar=0.1MPa）的水加压到 6bar，水温为 25℃，流量为 100m³/h。泵的效率为 0.68，驱动电机的效率为 0.95。求泵提供给流体的功率、泵所需要的轴功率以及电机消耗的电功率。物性方法用 NRTL。

步骤 1：全局性参数设置。启动 Aspen Plus，选择 **General with Metric Units**，文件保存为 Example 4.1.apw。进入 **Setup | Specifications | Global** 页面，在名称（Title）框中输入 Pump。

步骤 2：输入组分信息。单击 **Next** 按钮，进入组分输入页面，在 Component ID 中输入 WATER。

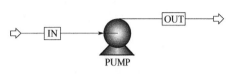

图 4-2 泵流程图

步骤 3：选择物性方法。单击 **Next** 按钮，选择物性方法 NRTL。

步骤 4：建立流程。单击 **Next** 按钮，进入模拟页面，绘制流程图，如图 4-2 所示。

步骤 5：输入进料信息。单击 **Next** 按钮或双击进料物料线，输入进料信息，如图 4-3 所示。

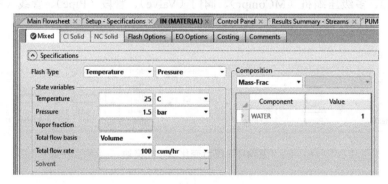

图 4-3 输入泵进料信息

步骤 6：设置泵的操作参数。单击 **Next** 按钮进入 **Blocks | PUMP | Setup | Specifications** 页面设置泵的排出压力为 6bar，泵和驱动机的效率分别为 0.68 和 0.95，如图 4-4 所示。

图 4-4 输入泵操作参数

步骤 7：运行流程。单击 **Next** 按钮，出现是否运行计算对话框，单击 **OK**。

步骤 8：查看计算结果。从左侧数据浏览窗口选择 **Blocks | PUMP | Results**，在 Summary 页面可以看出泵提供给流体的功率为 12.5kW，泵所需要的轴功率为 18.4kW，电机消耗的电功率为 19.3kW，如图 4-5 所示。

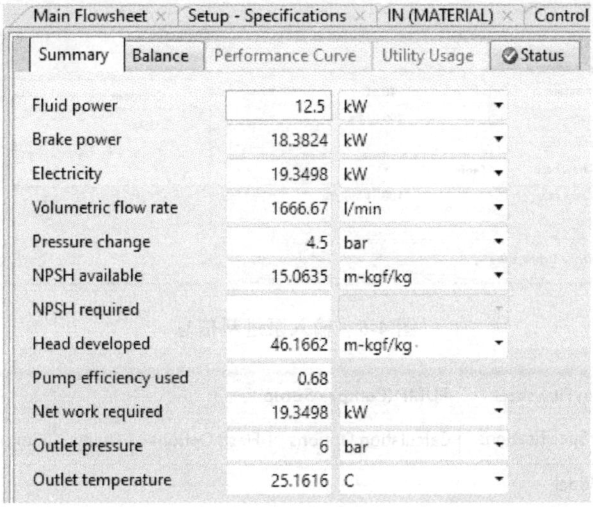

图 4-5　模拟结果

例 4-2　用离心泵输送流量为 100kmol/h 的甲苯，甲苯的压力为 100kPa，温度为 40℃。特性曲线数据如表 4-1 所示，泵的效率为 0.6 左右，电机效率为 0.92。求泵的出口压力、泵提供给流体的功率、泵所需要的轴功率以及电机消耗的电功率。物性方法采用 RK-SOAVE。

表 4-1　泵的特性曲线数据

流量/(m^3/h)	20	10	5	3
扬程/m	40	250	300	400
效率	0.6	0.65	0.62	0.6
必需汽蚀余量（NPSHR）/m	8	7.8	7.5	7

步骤 1：全局性参数设置。启动 Aspen Plus，选择 **General with Metric Units**，文件保存为 Example 4.2.apw。进入 **Setup | Specifications | Global** 页面，在名称（Title）框中输入 Pump-Curve。

步骤 2：输入组分信息。单击 **Next** 按钮，进入组分输入页面，在 Component ID 中输入 TOLUENE。

步骤 3：选择物性方法。单击 **Next** 按钮，选择物性方法 RK-SOAVE。

步骤 4：建立流程。单击 **Next** 按钮，进入模拟页面，绘制与图 4-2 相同的流程图。

步骤 5：输入进料信息。单击 **Next** 按钮或双击进料物料线，输入进料信息，如图 4-6 所示。

步骤 6：设置泵的操作参数。单击 **Next** 按钮在 **Blocks | PUMP | Setup | Specifications** 页面选择 Pump，在泵出口规定（Pump outlet specification）栏目中选择 Use performance curve to determine discharge conditions，在 Efficiencies 栏目中输入电机效率为 0.92（泵的效率需要利用泵效率曲线数据输入，此处不用设置），如图 4-7 所示。

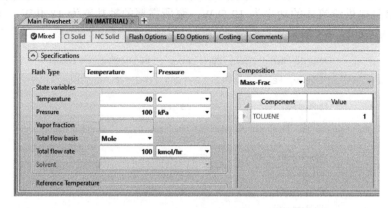

图 4-6　输入泵进料信息

图 4-7　输入泵操作参数

单击 **Next** 按钮，进入 **Blocks | PUMP | Performance Curves | Curve Setup** 页面，选择曲线类型（Select curve format）栏目选择列表数据（Tabular data），流量变量（Flow variable）选择体积流量（Vol-Flow），曲线数目（Number of curves）栏目选择操作转速下的单条曲线（Single curve at operating speed），如图 4-8 所示。曲线数目栏目另外两个选项为参考转速下的单条曲线（Single curve at reference speed）和不同转速下的多条曲线（Multiple curves at different speeds）。

单击 **Next** 按钮，进入 **Blocks | PUMP | Performance Curves | Curve Data** 页面，压头（Head）单位为 meter，即 m，流量单位选择体积流量 cum/hr，即 m^3/h，按表 4-1 数据输入泵的特性曲线数据，如图 4-9 所示。当泵的特性曲线为不同转速下的多条曲线时，还需在参数设置中输入每条曲线对应的转速（Shaft Speed）；当泵的操作转速与特性曲线的转速不同时，还需要在 **Blocks | PUMP | Performance Curves | Operating Specs** 页面输入操作转速数据。

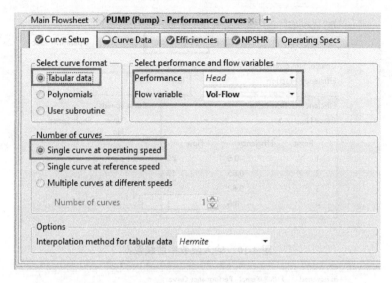

图 4-8　泵特性曲线设定

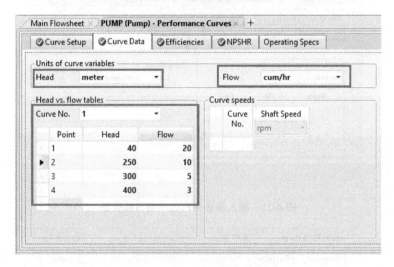

图 4-9　输入泵特性曲线数据

进入 **Blocks | PUMP | Performance Curves | Efficiencies** 页面，输入泵效率曲线数据，如图 4-10 所示。进入 **Blocks | PUMP | Performance Curves | NPSHR** 页面，输入泵必需汽蚀余量（net positive suction head required，NPSHR）数据，如图 4-11 所示。

❖ **注意**：设计泵的安装位置时，应核算 NPSHR，NPSHR ≈ 10 − H_s，H_s 为允许吸上真空度。根据安装和流动情况可以算出泵进口处的有效汽蚀余量（net positive suction head available，NPSHA），在实际使用条件下，选择的泵应该满足 NPSHA ⩾ 1.3NPSHR。

步骤 7：运行流程。单击 **Next** 按钮，出现是否运行计算对话框，单击 **OK**。

步骤 8：查看计算结果。从左侧数据浏览窗口选择 **Blocks | PUMP | Results**，在 Summary 页面可以看出泵提供给流体的功率为 5.99kW，泵所需要的轴功率为 9.22kW，电机消耗的电功率为 10.02kW，有效汽蚀余量为 11.11m，允许汽蚀余量为 7.83m，如图 4-12 所示。

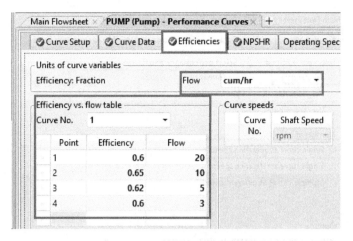

图 4-10　输入泵效率曲线数据

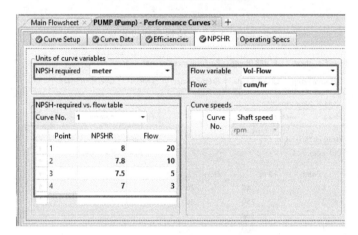

图 4-11　输入泵必需汽蚀余量曲线数据

Summary	Balance	Performance Curve	Utility Usage	Status		
Fluid power		5.98873	kW			
Brake power		9.21622	kW			
Electricity		10.0176	kW			
Volumetric flow rate		10.8297	cum/hr			
Pressure change		1990.77	kPa			
NPSH available		11.1055	meter			
NPSH required		7.82606	meter			
Head developed		238.597	meter			
Pump efficiency used		0.649803				
Net work required		10.0176	kW			
Outlet pressure		2090.77	kPa			

图 4-12　泵计算结果

4.2 压缩机

　　压缩机（Compr）模型用于模拟四种单元设备：多变离心压缩机（polytropic centrifugal compressor）、多变正位移压缩机（polytropic positive displacement compressor）、等熵压缩机（isentropic compressor）和等熵涡轮机（isentropic turbine），可以进行单相、两相或三相计算，与泵单元相似，可通过指定出口压力、压力增量、压力比率或特性曲线计算所需功率，还可通过指定功率计算出口压力。

　　Compr 模拟压缩机时提供了八种计算模型，如图 4-13 所示，包括标准等熵模型（Isentropic）、ASME（American Society of Mechanical Engineers，美国机械工程师协会）等熵模型（Isentropic using ASME method）、GPSA（Gas Processors Suppliers Association，气体处理器供应商协会）等熵模型（Isentropic using GPSA method）、ASME 多变模型（Polytropic using ASME method）、GPSA 多变模型（Polytropic using GPSA method）、分段积分多变模型（Polytropic using piecewise integration）、正位移模型（Positive displacement）、分段积分正位移模型（Positive displacement using piecewise integration）；而模拟涡轮机时计算类型只有标准等熵模型（Isentropic）。

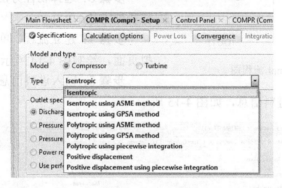

图 4-13　Compr 模拟压缩机的计算模型

　　Compr 模型有三种效率。

（1）等熵效率（isentropic efficiency）η_s

对于压缩机 $\eta_s = \dfrac{h_{out}^s - h_{in}}{h_{out} - h_{in}}$

对于涡轮机 $\eta_s = \dfrac{h_{out} - h_{in}}{h_{out}^s - h_{in}}$

（2）多变效率（polytropic efficiency）η_p

$$\eta_p = \dfrac{\dfrac{\gamma - 1}{\gamma}}{\dfrac{k - 1}{k}}$$

式中，$\gamma = c_p / c_v$，c_p 为等压热容，c_v 为等容热容；k 为多方系数。

（3）机械效率（mechanical efficiency）η_m

对于压缩机 η_m＝对气体做功/轴功

对于涡轮机 η_m＝轴功/对气体做功

与泵类似，压缩机也常用特性曲线表征其工作性能。特性曲线有四种输入方式：列表数据（tabular data）、多项式（polynomials）、扩展多项式（extended polynomials）和用户子程序（user subroutines）。列表数据是常用的输入方式。下面用例 4-3 具体介绍压缩机模型的用法。

例 4-3 一压缩机将压强为 1bar 的空气加压到 4bar，空气的温度为 25℃，流量为 1000m³/h。压缩机的等熵效率为 0.72，驱动机构的机械效率为 0.97。求压缩机所需要的轴功率、驱动机的功率以及空气的出口温度和体积流量。物性方法用 NRTL。

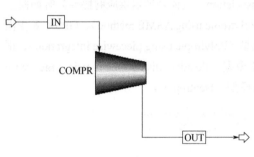

图 4-14　Compr 流程图

步骤 1：全局性参数设置。启动 Aspen Plus，选择 **General with Metric Units**，文件保存为 Example 4.3.apw。进入 **Setup | Specifications | Global** 页面，在名称（Title）框中输入 Compr。

步骤 2：输入组分信息。单击 **Next** 按钮，进入组分输入页面，在 Component ID 中输入 AIR。

步骤 3：选择物性方法。单击 **Next** 按钮，选择物性方法 NRTL。

步骤 4：建立流程。单击 **Next** 按钮，进入模拟页面，绘制图 4-14 所示流程图。

步骤 5：输入进料信息。单击 **Next** 按钮或双击进料物料线，输入进料信息，如图 4-15 所示。

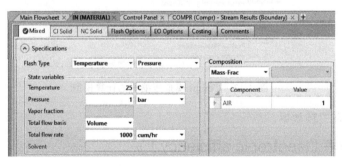

图 4-15　输入 Compr 进料信息

步骤 6：设置压缩机操作参数。单击 **Next** 按钮进入 **Blocks | COMPR | Setup | Specifications** 页面，在模型（Model）栏目中选择 **Compressor**，在类型（Type）栏目中选择 **Isentropic**，在出口规定（Outlet specification）栏目中选择 **Discharge pressure**，设置值为 4 bar，在效率（Efficiencies）栏目中输入等熵效率为 0.72，机械效率为 0.97，如图 4-16 所示。

步骤 7：运行流程。单击 **Next** 按钮，出现是否运行计算对话框，单击 **OK**。

步骤 8：查看计算结果。从左侧数据浏览窗口选择 **Blocks | COMPR | Results**，在 Summary 页面可以看出压缩机所需要的轴功率（Indicated horsepower）为 65.64kW，驱动机的功率（Brake horsepower）为 67.67kW，如图 4-17 所示；在 **Blocks | COMPR | Results Summary** 可以看出

空气的出口温度为 225.3℃，体积流量为 417.95m³/h，如图 4-18 所示。

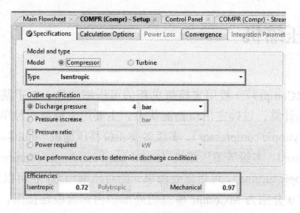

图 4-16　Compr 模型参数设置

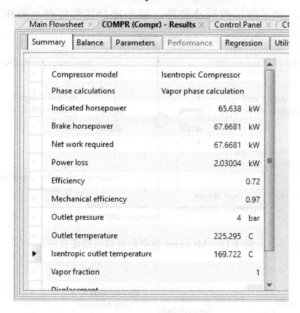

图 4-17　Compr 模拟结果

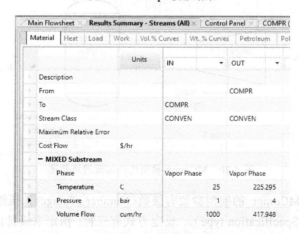

图 4-18　出口物流信息

4.3 多级压缩机

多级压缩机（MCompr）一般用来模拟单相的可压缩流体，对于某些特殊情况，用户也可以进行两相或三相计算，以确定出口物流状态。主要用来模拟四种单元设备：多级多变压缩机（multi-stage polytropic compressor）、多级多变正位移压缩机（multi-stage polytropic positive displacement compressor）、多级等熵压缩机（multi-stage isentropic compressor）和多级等熵涡轮机（multi-stage isentropic turbine），可用来处理单一的可压缩相态，也可以进行两相或三相计算。

图 4-19 和图 4-20 分别为 MCompr 模型的外部和内部流股连接图。多级压缩机在各级压缩机或涡轮机之间均有一个冷却器，在最后一级还有一个后冷器，在冷却器中可以进行单相、两相或三相闪蒸计算。除了最后的后冷器外，每个冷却器都可有一液相凝出物流。

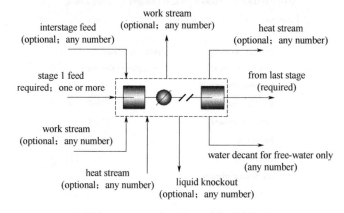

图 4-19　MCompr 模型的外部流股连接图

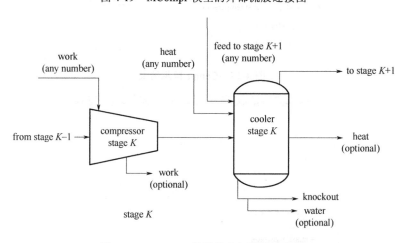

图 4-20　MCompr 模型的内部流股连接图

如图 4-21 所示，MCompr 的模型参数有级数（Number of stages）、压缩机模型（Compressor model）和设定方式（Specification type）。设定方式有三种：指定末级排出压力（Fix discharge pressure from last stage）、指定每级排出条件（Fix discharge conditions from each stage）和用

特性曲线确定排出条件（Use performance curves to determine discharge conditions）。

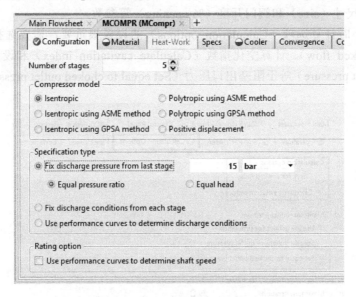

图 4-21　MCompr 模型参数设定

　　压缩机的级间冷却器（Cooler）设置如图 4-22 所示，如可以设置冷却器移除热量 30kW，压降为 0。也可以设置冷却器的出口温度（Outlet Temp）和进出口温度比例（Temp Ratio）。

　　多级压缩机特性曲线有三种输入方式：列表数据（tabular data）、多项式（polynomials）和用户子程序（user subroutines）。其中列表数据是常用的输入方式。多级压缩机可以提供多张特性曲线表，每张表又可以有多条特性曲线。多级压缩机的每一级可以有多个叶轮（wheels），可以为每个叶轮选用不同的特性曲线表、叶轮直径和比例因子（scaling factors）。

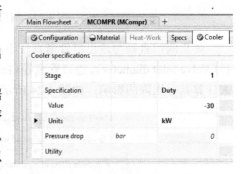

图 4-22　MCompr 级间冷却器设置

4.4　阀门

　　阀门（Valve）模型用来调节流体流经管路时的压降，可进行单相、两相或三相计算，该模块假定流动过程绝热，并将阀门的压降与流量系数关联起来，可确定阀门出口物流的热状态和相态。

　　阀门模型有三种应用方式（计算类型）：①绝热闪蒸到指定出口压力（adiabatic flash for specified outlet pressure）；②计算指定出口压力阀门的流量系数（calculate valve flow coefficient for specified outlet pressure）；③计算指定阀门出口压力（calculate outlet pressure for specified valve）。其中第③种为核算方式。

运用核算方式时，需设置阀门类型（valve type）、厂家（manufacturer）、系列/规格（series/style）、尺寸（size）和阀门开度（% opening）等参数。

阀门开度小时计算选项（Calculation options）的设置很重要，需要选择检查阻塞流动（Check for choked flow）、计算空化指数（Calculate cavitation index）和设置最小出口压力（Minimum outlet pressure）等于阻塞出口压力（Set equal to choked outlet pressure），如图4-23所示。

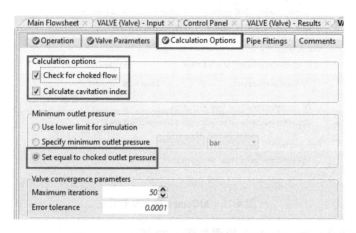

图4-23　阀门开度小时计算选项参数设置

如果阀门直径与进出口管道直径不同，通过在管件（Pipe Fittings）表单设置阀门进口直径（Valve inlet diameter）、进口管直径（Inlet pipe diameter）和出口管直径（Outlet pipe diameter）来计算其对压降的影响，如图4-24所示。

图4-24　管件参数设置

例4-4　水的温度为30℃，压力为5bar，流量为120m³/h，流经一公称直径为8英寸（1in=25.4mm）的截止阀。阀门的规格为V500系列的线性流量阀，开度为20%。计算阀门的出口压力是多少？物性方法采用STEAM-TA。

步骤1：全局性参数设置。启动Aspen Plus，选择**General with Metric Units**，文件保存为Example 4.4.apw。进入**Setup | Specifications | Global**页面，在名称（Title）框中输入Valve。

步骤2：输入组分信息。单击**Next**按钮，进入组分输入页面，在Component ID中输入WATER。

步骤3：选择物性方法。单击**Next**按钮，选择物性方法STEAM-TA。

步骤 4：建立流程。单击 **Next** 按钮，进入模拟页面，绘制图 4-25 所示的流程图。

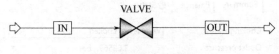

图 4-25　截止阀流程

步骤 5：输入进料信息。单击 **Next** 按钮或双击进料物料线，输入物流 IN 温度为 30℃，压力为 5bar，流量为 120m³/h。

步骤 6：设置阀门操作参数和阀门参数。单击 **Next** 按钮在 **Blocks | VALVE | Input | Operation** 页面，计算类型（Calculation type）选择 Calculate outlet pressure for specified valve（rating），阀门操作设置（Valve operating specification）选择% Opening，并设置为 20，如图 4-26 所示。

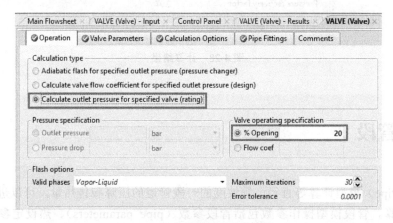

图 4-26　设置阀门操作参数

进入 **Blocks | VALVE | Input | Valve Parameters** 页面，按题目已知参数进行设置，如图 4-27 所示。系统共有三种阀门供选择，分别为截止阀（Globe）、球阀（Ball）和蝶阀（Butterfly），本例题选择截止阀。厂家仅有 Neles-Jamesbury 一种供选择。

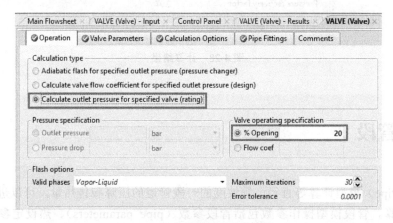

图 4-27　设置阀门参数

步骤 7：运行流程。单击 **Next** 按钮，出现是否运行计算对话框，单击 **OK**。

步骤 8：查看计算结果。从左侧数据浏览窗口选择 **Blocks | VALVE | Results**，在 Summary 页面可以看出此阀门的出口压力为 3.69bar，如图 4-28 所示。

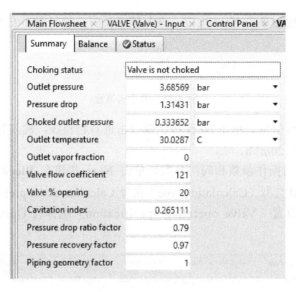

图 4-28　计算结果

4.5　管段

　　管段（Pipe）模型计算等直径、等坡度的一段管道的压降和传热量，可以进行单相、两相或三相计算。管段模型操作参数包括管段参数（pipe parameters）、热设定参数（thermal specification）和管件 1（fitting 1）、管件 2（fitting 2）等。

　　管段参数包括长度（length）、直径（diameter）、提升（elevation）和粗糙度（roughness）。热设定参数类型包括恒温（constant temperature）、线性温度分布（linear temperature profile）、绝热（adiabatic）和热衡算（perform energy balance）四种类型。

　　管件 1 参数包括连接方式（connection type）、管件数量（number of fittings）、其余当量长度（miscellaneous L/D）和局部 K 因子（miscellaneous K factor），其中连接方式有法兰连接/焊接（flanged/welded）和螺纹连接（screwed），管件数量需设置闸阀（gate valves）、蝶阀（butterfly valves）、90°弯头（large 90 degree elbows）、直行三通（straight tees）和旁路三通（branched tees）的数目。

　　管件 2 参数主要用来设置变径管路，包括进口和出口（entrance and exit）、扩大和收缩（enlargement and contraction）、孔板（orifice），其中进口和出口设置管子进口（pipe entrance）和进口 R/D（entrance R/D），扩大和收缩设置扩大段或收缩段的直径（diameter）和角度（angle）（图 4-29），孔板设置直径（diameter）和厚度（thickness）。

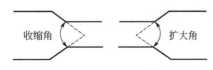

图 4-29　管段收缩和管段扩大

　　例 4-5　流量为 8000kg/h，压强为 0.7MPa 的饱和水蒸气流经 ϕ108mm×4mm 的管道。管道长 30m，出口比进口高 5m，粗糙度为 0.05mm。管道采用法兰连接，安装 1 个闸阀、2

个 90°弯头。环境温度为 25℃，传热系数为 25W/(m²·K)。求出口处蒸汽的压强、温度和含水率以及管道的热损失。物性方法采用 STEAM-TA。

步骤 1：全局性参数设置。启动 Aspen Plus，选择 **General with Metric Units**，文件保存为 Example 4.5.apw。进入 **Setup | Specifications | Global** 页面，在名称（Title）框中输入 Pipe。

步骤 2：输入组分信息。单击 **Next** 按钮，进入组分输入页面，在 Component ID 中输入 WATER。

步骤 3：选择物性方法。单击 **Next** 按钮，选择物性
方法 STEAM-TA。

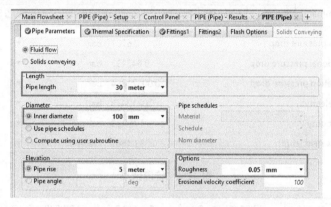

图 4-30　管段流程

步骤 4：建立流程。单击 **Next** 按钮，进入模拟页面，
绘制图 4-30 所示流程图。

步骤 5：输入进料信息。单击 **Next** 按钮或双击进料物料线，输入物流 IN 压力 0.7MPa，气相分率为 1（饱和蒸汽），质量流量为 8000kg/h。

步骤 6：设置管段操作参数。单击 **Next** 进入 **Blocks | PIPE | Setup | Pipe Parameters** 页面，设置管长 30m，内径 100mm，管子提升 5m，粗糙度 0.05mm（注意单位），如图 4-31 所示。单击 **Thermal Specification** 选项卡进入热设定参数设置页面，进行热衡算，进出口环境温度均为 25℃，传热系数 25W/(m²·K)，如图 4-32 所示。单击 Fittings1 选项卡进入管件 1 参数设置页面，法兰连接，1 个闸阀，2 个 90°弯头，如图 4-33 所示。

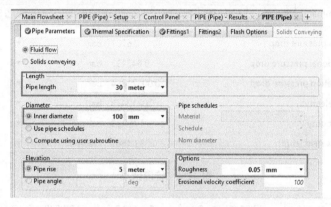

图 4-31　设置管段参数

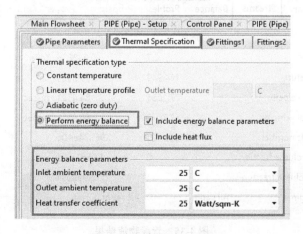

图 4-32　设置热设定参数

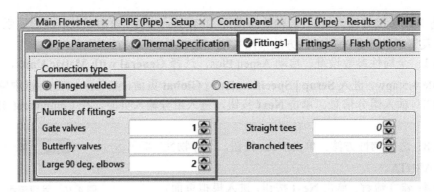

图 4-33　设置管件参数

步骤 7：运行流程。单击 **Next** 按钮，出现是否运行计算对话框，单击 **OK**。

步骤 8：查看计算结果。从左侧数据浏览窗口选择 **Blocks | PIPE | Results**，在 Summary 页面可以看出管道的热损失为 7761.33cal/sec（32.5kW），如图 4-34 所示，在 Streams 页面可以看出出口处蒸汽的压强为 0.63MPa、温度为 160.92℃，含水率（Liquid volume fraction）为 1.86×10^{-5}，如图 4-35 所示。

Main Flowsheet ×	PIPE (Pipe) - Setup ×	Control Panel ×	**PIPE (Pipe) - Results** ×

Summary	Streams	Balance	Profiles	Properties	Property Grid	⊘ Status

Total pressure drop	0.6701	bar ▼
Frictional pressure drop	0.647133	bar ▼
Elevation pressure drop	0.00171884	bar ▼
Acceleration	0.0212478	bar ▼
Heat duty	-7761.33	cal/sec ▼
Equivalent length	33.4661	meter ▼

图 4-34　管段结果

Main Flowsheet ×	PIPE (Pipe) - Setup ×	Control Panel ×	**PIPE (Pipe) - Results** ×

Summary	Streams	Balance	Profiles	Properties	Property Grid	⊘ Status

	Inlet	Outlet	
Pressure	0.7	0.632816	MPa ▼
Temperature	164.949	160.921	C ▼
Mixture velocity	77.1656	84.4721	m/sec ▼
Erosional velocity	63.7072	66.6551	m/sec ▼
Reynolds number	1.9503e+06	1.96874e+06	
Liquid volume fraction	0	1.8561e-05	
Vapor volume fraction	1	0.999981	
Flow regime	All vapor	All vapor	

图 4-35　管段物流结果

4.6 管线

管线（Pipeline）模型模拟由多段不同直径（也可以为等直径）或不同倾斜度管段串联组成的一条管线的压降。管线模型假定流体稳态流动，流动方向可以是水平的，也可以有角度，流体温度分布可规定或通过热传递计算。

管线模型需在配置（configuration）表单中设置计算方向（calculation direction）、管段几何结构（segment geometry）、热选项（thermal options）、物性计算（property calculations）和管线流动基准（pipeline flow basis）；在连接状态（connectivity）表单中逐段输入每一管段的长度、角度、直径、粗糙度，或者节点坐标（node coordinates），其中设置节点坐标（三维坐标系）较为常用。

例 4-6 流量为 150m³/h，温度为 25℃，压强为 5bar 的乙醇流经 ϕ108mm×4mm 的管线。管线首先向东延伸 5m，再向北 5m，再向东 10m，再向南 5m，然后升高 5m，再向北 5m。管内壁粗糙度为 0.05mm。求管线出口处的压强。物性方法采用 NRTL。

步骤 1：全局性参数设置。启动 Aspen Plus，选择 **General with Metric Units**，文件保存为 Example 4.6.apw。进入 **Setup | Specifications | Global** 页面，在名称（Title）框中输入 Pipeline。

步骤 2：输入组分信息。单击 **Next** 按钮，进入组分输入页面，在 Component ID 中输入 ETHANOL。

步骤 3：选择物性方法。单击 **Next** 按钮，选择物性方法 NRTL。

步骤 4：建立流程。单击 **Next** 按钮，进入模拟页面，绘制图 4-36 所示流程图。

图 4-36　管线流程

步骤 5：输入进料信息。单击 **Next** 按钮或双击进料物料线，输入物流 IN 压力 5bar，温度 25℃，流量 150m³/h。

步骤 6：设置管线操作参数。单击 **Next** 进入 **Blocks | PIPELINE | Setup | Configuration** 页面，只需改选几何结构为节点坐标（Enter node coordinates），其他参数采用缺省设置，如图 4-37 所示。

进入 **Blocks | PIPELINE | Setup | Connectivity** 页面设置管线连接参数。首先以向东为 X 轴，向北为 Y 轴，向上为 Z 轴（向上提升）建立坐标系，然后按照管线走向定义每个管段的坐标。本管线共有 6 条管段，由 7 个节点组成，1 到 7 的节点坐标为（0，0，0）、（5，0，0）、（5，5，0）、（15，5，0）、（15，0，0）、（15，0，5）和（15，5，5）。点击 **New**，出现 **Segment Data** 对话框，定义管段 1 参数。入口节点（Inlet node）定义为 1，出口节点（Outlet node）定义为 2，入口节点 X 坐标值（X coordinate）、Y 坐标值（Y coordinate）和 Elevation 坐标值分别为 0、0、0，出口节点 X、Y 和 Elevation 坐标值分别为 5、0、0，单位 m，管段内径（Diameter）为 100mm，管段粗糙度（Roughness）为 0.05mm，如图 4-38 所示。按此方法依次设置其余管段。

进入 **Blocks | PIPELINE | Setup | Flash Options** 页面设置有效相态（Valid phases）为

Liquid-Only，如图 4-39 所示。

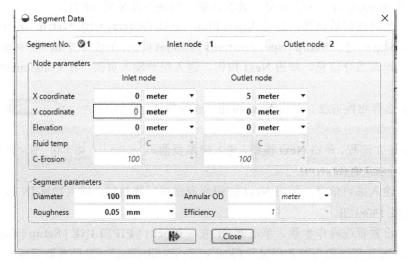

图 4-37　管线结构参数设置

图 4-38　设置管段 1 参数

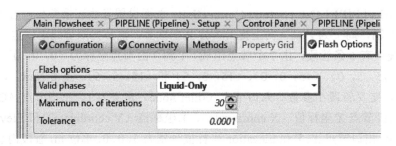

图 4-39　选择有效相态

> ❖ **注意**：此处默认为 Vapor-Liquid，由于本模拟只有液相，如果采用默认设置，运行会有警告。

步骤7：运行流程。单击 **Next** 按钮，出现是否运行计算对话框，单击 **OK**。

步骤8：查看计算结果。从左侧数据浏览窗口选择 **Blocks | PIPELINE | Results**，在 Summary 页面可以看出出口压强为 3.9bar，如图 4-40 所示。

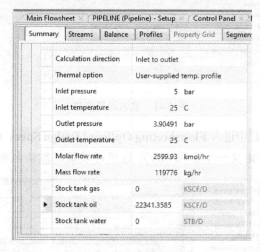

图 4-40　管线模拟结果

例 4-7　温度为 32℃，压强为 0.5MPa 的水流经 $\phi108mm\times4mm$ 的管线。管线首先向东延伸 50m，再向北 50m，再向东 100m，然后升高 10m，再向北 50m。管内壁粗糙度为 0.05mm。如果管线出口处的压强为 0.2MPa，求流过管线的水流量。物性方法采用 NRTL。

⬩ **注意**：进行化工过程设计时，常常希望确定某个过程参数的特定值从而使某个结果数据达到给定值。对于这类应用需求，Aspen Plus 提供了设计规定（Design Spec）工具，在塔设备 RadFrac 模块带有内部的设计规定。

下面以本题介绍设计规定的使用方法。

步骤1：全局性参数设置。启动 Aspen Plus，选择 **General with Metric Units**，文件保存为 Example 4.7.apw。进入 **Setup | Specifications | Global** 页面，在名称（Title）框中输入 Pipeline。

步骤2：输入组分信息。单击 **Next** 按钮，进入组分输入页面，在 Component ID 中输入 WATER。

步骤3：选择物性方法。单击 **Next** 按钮，选择物性方法 NRTL。

步骤4：建立流程。单击 **Next** 按钮，进入模拟页面，绘制流程图（图 4-36）。

步骤5：输入进料信息。单击 **Next** 按钮或双击进料物料线，输入物流 IN 压力 0.5MPa，温度 32℃，流量 1000kg/h，如图 4-41 所示。

⬩ **注意**：虽然本题需要求水的流量，但必须在进料信息中输入一个初值。

步骤6：设置管线操作参数。单击 **Next** 进入 **Blocks | PIPELINE | Setup | Configuration** 页面，如上题中只需改选几何结构为节点坐标（Enter node coordinates），其他参数采用缺省设置。按例题 4-6 方法进入 **Blocks | PIPELINE | Setup | Connectivity** 页面设置管线连接参数、管内径和粗糙度。进入 **Blocks | PIPELINE | Setup | Flash Options** 页面设置有效相态（Valid phases）为 Liquid-Only。

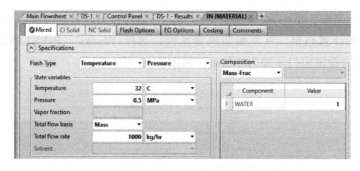

图 4-41　输入进料信息

步骤 7：从左侧目录栏中进入 **Flowsheeting Options | Design Specs** 页面，点击 **New** 按钮，在弹出对话框中为设计规定定义一个名称（ID），这里可以采用默认名称 DS-1，如图 4-42 所示。

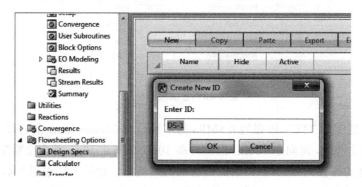

图 4-42　建立一个新的设计规定

点击 **OK** 进入 DS-1 设置页面，在 **Flowsheeting Options | Design Specs | DS-1 | Define** 页面点击 **New** 按钮，创建设计规定对象所需的变量，在弹出的对话框中输入变量名为 POUT（管线出口压力），如图 4-43 所示。点击 **OK** 按钮，选择变量（Variable）POUT 的类别（Category）为 Streams，类型（Type）为 Stream-Var，流股（Stream）为管线出口物流 OUT，并指定具体变量（Variable）为压力（PRES）和单位（Units）为 MPa，如图 4-44 所示。

❖ **注意**：可选择变量有很多，将光标移动到变量名旁时，软件给出变量的具体含义。

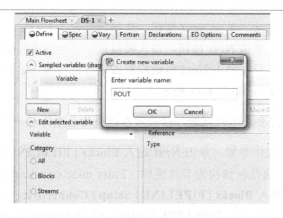

图 4-43　创建设计规定变量

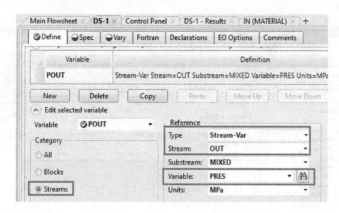

图 4-44   设计规定变量参数设置

在 **Flowsheeting Options | Design Specs | DS-1 | Spec** 页面输入规定表达式（Spec）、目标值（Target）和计算容差（Tolerance），如图 4-45 所示。

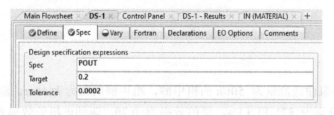

图 4-45   设计规定目标参数设置

在 **Flowsheeting Options | Design Specs | DS-1 | Vary** 页面输入调节变量的类型、名称和具体变量，并指定调节上、下限（Upper/Lower limits），如图 4-46 所示。

❖ **注意：** 为保证水流量在调节变量范围内，上下限可以设置宽一些。

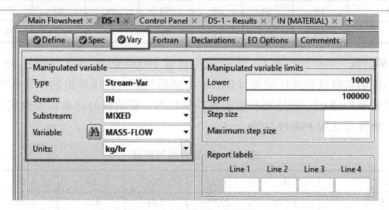

图 4-46   设计规定操作变量设置

步骤 8： 运行流程。单击 **Next** 按钮，出现是否运行计算对话框，单击 **OK**。

步骤 9： 查看计算结果。从左侧数据浏览窗口选择 **Flowsheeting Options | Design Specs | DS-1 | Results** 页面查看规定变量的实现情况，如图 4-47 所示。可以看出，如果管线出口处的压强为 0.2MPa，流过管线的水流量为 82906.9kg/h。

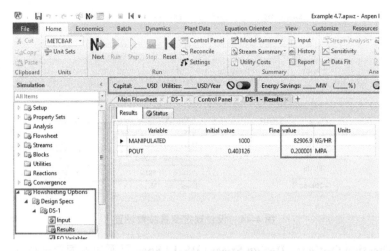

图 4-47 设计规定结果

 习 题

4-1 用离心泵输送流量为 50t/h 的粗甲醇,粗甲醇的压力为 1bar,温度为 20℃,甲醇和水的质量分数分别为 87% 和 13%,泵的效率为 0.70,驱动电机的效率为 0.95。(1)求将粗甲醇加压至 6bar 时泵提供给流体的功率、泵所需要的轴功率以及电机消耗的电功率。(2)特性曲线数据如表 4-2 所示,泵的效率为 0.70,驱动电机的效率为 0.95,求泵出口压力、有效的汽蚀余量。物性方法选用 RK-SOAVE。

表 4-2 泵的特性曲线数据

流量/(m³/h)	10	20	30	40	50	60	70	80
扬程/m	60	57.5	55	53	50	47	42.5	37

4-2 甲醇合成气的组成如表 4-3 所示,摩尔流量 1000kmol/h,温度为 40℃,压力为 1.6MPa。现用多变离心压缩机将该物流压缩至 4.0MPa 与循环气混合,压缩机的多变效率为 75%,驱动机构的机械效率为 0.97。求压缩机所需要的轴功率、驱动机的功率以及合成气的出口温度和体积流量。物性方法用 PENG-ROB。

表 4-3 甲醇合成气组成

组分	H_2	CO	CO_2	N_2	CH_4	Ar
摩尔分数/%	67.70	29.72	2.01	0.15	0.39	0.03

4-3 习题 4-1 中加压至 6bar 的粗甲醇进入一个公称直径为 6 英寸的截止阀。阀门的规格为 V500 系列的线性流量阀,阀门开度为 35%。从截止阀出口经过 ϕ135mm×5mm 的管道流出。管道长 50m,出口比进口高 10m,粗糙度为 0.05mm。管道采用法兰连接,安装有闸阀 2 个,90°弯头 3 个。环境温度为 20℃,传热系数为 25W/(m²·K)。求阀门的出口压力、管线出口处的压力和温度。物性方法选择 RK-SOAVE。

扫码看资源

第5章

换热器模拟与设计

换热器是在具有不同温度的两种或两种以上流体之间传递热量的设备,广泛应用于化工、炼油、动力、轻工、食品、制药和航天等工业领域。据统计,化工生产过程中,换热设备所需费用约占化工厂装置费用的30%和运行费用的90%。换热器设计需根据不同工况的需求,降低成本,提高运行效率。Aspen Plus 中换热器类别(Exchangers)共有 4 个模型,如图 5-1 所示。

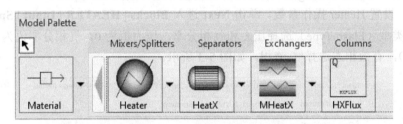

图 5-1   Aspen Plus 传热单元模块

5.1   加热器

加热器(Heater)模型可进行已知物流的泡/露点计算、加入或移走用户指定的热负荷、匹配过热度或过冷度、确定达到一定状态所需要的加热或冷却负荷,但不能用于严格的换热方程计算。主要用于模拟加热器和冷却器,也可以用于模拟阀门(仅改变压力,不涉及阻力)、泵(仅改变压力,不涉及功率)和压缩机(仅改变压力,不涉及功率)。Heater 可以有单股或多股进口物流,使其变成某一特定温度、压力或相态下的单股物流,带有可选择的水倾析物流。

Heater 模型有两组模型设定参数:①闪蒸规定(flash specifications),从温度、压力、温度改变(temperature change)、蒸汽分率(vapor fraction)、过热度(degrees of superheating)、过冷度(degrees of subcooling)和热负荷(heat duty)中选择两项;②有效相态(valid phase),可选择气相、液相、固体、气-液、气-液-液、液-游离水、气-液-游离水。下面用例 5-1 详细

介绍 Heater 模型的具体用法。

例 5-1 流量为 1000kg/h、压力为 0.11MPa、含乙醇 70%（质量分数）和水 30%（质量分数）的饱和蒸气在真空冷凝器中部分冷凝，冷凝器的压降为 0，冷凝物流的气/液比（摩尔）=1/3。求冷凝器的热负荷。物性方法采用 NRTL。

步骤 1：全局性参数设置。启动 Aspen Plus，选择 **General with Metric Units**，文件保存为 Example 5.1.apw。进入 **Setup | Specifications | Global** 页面，在名称（Title）框中输入 Heater。

步骤 2：输入组分信息。单击 **Next** 按钮，进入组分输入页面，在 Component ID 中输入 WATER 和 ETHANOL。

步骤 3：选择物性方法。单击 **Next** 按钮，选择物性方法 NRTL。

步骤 4：建立流程。单击 **Next** 按钮，进入模拟页面，绘制图 5-2 所示流程图。

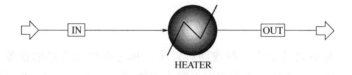

图 5-2　Heater 模块流程

步骤 5：输入进料信息。单击 **Next** 按钮或双击进料物料线，输入物流 IN 压力 0.11MPa，气相分率为 1，流量为 1000kg/h，水和乙醇的质量分数分别为 0.3 和 0.7。

步骤 6：设置 Heater 操作参数。单击 **Next** 进入 **Blocks | HEATER | Input | Specifications** 页面，闪蒸类型（Flash Type）选择压力和气相分率，压力值为 0，气相分率值为 0.25（根据气液比得出），有效相态选择气-液相，如图 5-3 所示。

图 5-3　Heater 操作参数设置

步骤 7：运行流程。单击 **Next** 按钮，出现是否运行计算对话框，单击 **OK**。

步骤 8：查看计算结果。从左侧数据浏览窗口选择 **Blocks | HEATER | Results**，在 Summary

页面可以看出热负荷为 271.067kW，如图 5-4 所示。

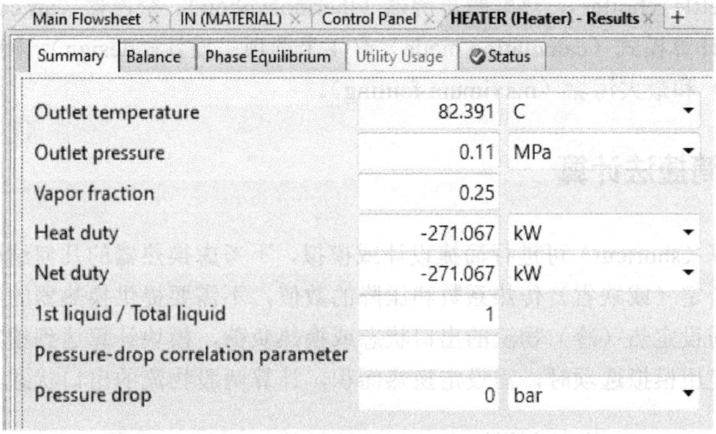

图 5-4　冷凝器模拟结果

5.2　换热器

换热器（HeatX）模型用于模拟不同类型两股物流之间的热量交换，可以模拟下述结构的管壳式换热器：①逆流/并流（countercurrent / cocurrent）；②折流板壳程（segmental baffle shell）；③棍式挡板壳程（rod baffle shell）；④裸管/低翅片管（bare/low-finned tubes）。

如图 5-5 所示，HeatX 的参数设定从规定（Specifications）表单开始，有 5 组设定参数：模拟类型（Model fidelity）、热流体（Hot fluid）、简捷法计算流体流向（Shortcut flow direction）、计算模式（Calculation mode）和换热器设定（Exchanger specification）。

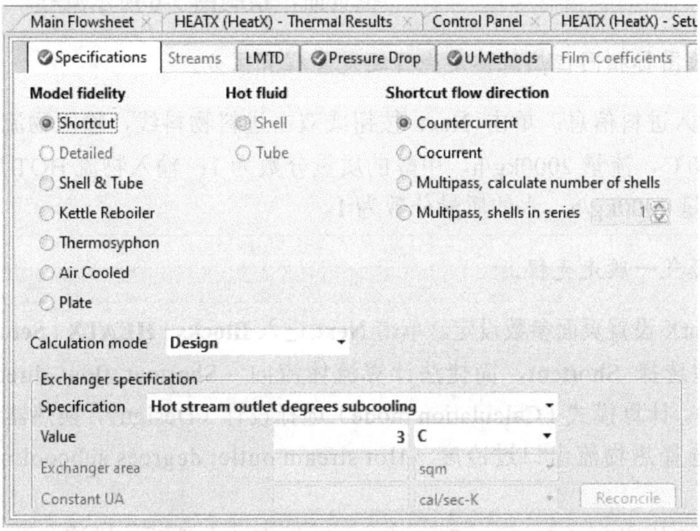

图 5-5　HeatX 的规定表单设置

HeatX 有 7 种模拟类型: 简捷法计算 (shortcut)、详细计算 (detailed)、管壳式 (shell&tube)、釜式再沸器 (kettle reboiler)、热虹吸再沸器 (thermosyphon)、空冷器 (air cooled) 和板式换热器 (plate)。计算模式 (calculation mode) 有 4 个选项: 设计 (design)、核算 (rating)、模拟 (simulation) 和最大污垢 (maximum fouling)。

5.2.1 简捷法计算

简捷法计算 (shortcut) 可进行简捷设计或模拟, 不考虑换热器的几何结构对传热和压降的影响, 人为给定 (或缺省) 传热系数和压降的数值, 不需要提供换热器的结构参数。使用设计选项时, 需设定热 (冷) 物流的出口状态或换热负荷, 模块计算达到指定换热要求所需的换热面积; 使用模拟选项时, 需设定换热面积, 计算两股物流的出口状态。

例 5-2 1000kg/h 饱和水蒸气 (0.3MPa) 加热 2000kg/h 甲醇 (20℃、0.3MPa)。离开换热器的蒸汽冷凝水压力为 0.28MPa、过冷度为 3℃, 换热器传热系数根据相态选择。求甲醇出口温度、相态、换热器的热负荷、对数平均温度差和需要的换热面积。物性方法用 RK-SOAVE。

步骤 1: 全局性参数设置。启动 Aspen Plus, 选择 **General with Metric Units**, 文件保存为 Example 5.2.apw。进入 **Setup | Specifications | Global** 页面, 在名称 (Title) 框中输入 HeatX。

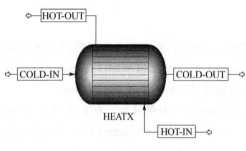

步骤 2: 输入组分信息。单击 **Next** 按钮, 进入组分输入页面, 在 Component ID 中输入 WATER 和 METHANOL。

步骤 3: 选择物性方法。单击 **Next** 按钮, 选择物性方法 RK-SOAVE。

步骤 4: 建立流程。单击 **Next** 按钮, 进入模拟页面, 绘制图 5-6 所示流程。

图 5-6　建立 HeatX 流程

> ❖**注意**: 模块图标相同但热流体走壳程还是管程有区分。

步骤 5: 输入进料信息。单击 **Next** 按钮或双击进料物料线, 输入物流 COLD-IN 压力 0.3MPa, 温度 20℃, 流量 2000kg/h, 甲醇的质量分数为 1; 输入物流 HOT-IN 压力 0.3MPa, 气相分率 1, 流量 1000kg/h, 水的质量分数为 1。

> ❖**注意**: 水蒸气一般走壳程。

步骤 6: HeatX 设置页面参数设定。单击 **Next** 进入 **Blocks | HEATX | Setup | Specifications** 页面, 模拟类型选择 Shortcut, 简捷法计算流体流向 (Shortcut flow direction) 选择逆流 (Countercurrent)。计算模式 (Calculation mode) 选择设计 (Design), 换热器设定 (Exchanger specification) 选择热物流出口过冷度 (Hot stream outlet degrees subcooling), 值设定为 3 (图 5-7)。

简捷法计算流体流向 (shortcut flow direction) 有 4 个选项: 逆流 (countercurrent)、并流 (cocurrent)、多管程/计算壳程数 (multipass, calculate number of shells) 和多管程/壳程串

联（multipass，shells in series）。

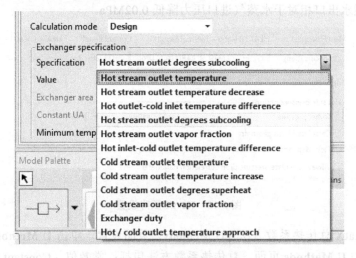

图 5-7　HeatX 模块设置

如图 5-8 所示，换热器设定（Exchanger specification）中 Specification 有 12 个选项：热物流出口温度（Hot stream outlet temperature）、热物流出口温降（Hot stream outlet temperature decrease）、热物流出口和冷物流进口温差（Hot outlet-cold inlet temperature difference）、热物流出口过冷度（Hot stream outlet degrees subcooling）、热物流出口蒸汽分率（Hot stream outlet vapor fraction）、热物流进口和冷物流出口温差（Hot inlet-cold outlet temperature difference）、冷物流出口温度（Cold stream outlet temperature）、冷物流出口温升（Cold stream outlet temperature increase）、冷物流出口过热度（Cold stream outlet degrees superheat）、冷物流出口蒸汽分率（Cold stream outlet vapor fraction）、换热器热负荷（Exchanger duty）和热流体/冷流体出口温差（Hot/cold outlet temperature approach）。

图 5-8　换热器设定选项

步骤 7：HeatX 对数平均温差（LMTD）页面设置。单击 **LMTD** 进入 **Blocks | HEATX | Setup | LMTD** 页面。由于换热器内的流动并非理想的并流或逆流，因此有效传热推动力需在对数平均温差（LMTD）的基础上进行校正。如图 5-9 所示，LMTD 校正因子方法有四个选项：常数（Constant）、几何结构（Geometry）、用户子程序（User-subr）和计算值（Calculated），其中几何结构方法由软件根据换热器结构和流动情况计算，计算值在流动方向为多管程流动时采用。本题采用默认选项 Constant。

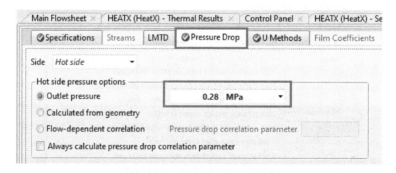

图 5-9　LMTD 校正因子方法设置

步骤 8：HeatX 压降（Pressure Drop）页面设置。单击 **Pressure Drop** 进入 **Blocks | HEATX | Setup | Pressure Drop** 页面。在压降（Pressure Drop）设置页面，可以分别设定热侧和冷侧的出口压力（Outlet pressure）。

> ❖ **注意**：设定值大于 0 表示实际的出口压力，设定值小于 0 表示出口相对于进口的压降。

本题设置水蒸气冷凝水出口压力为 0.28MPa，如图 5-10 所示，也可以设置为-0.02MPa，表示水蒸气冷凝水出口相对于水蒸气进口压力降低 0.02MPa。

图 5-10　HeatX 压降设置

步骤 9：HeatX 总传热系数方法（U Methods）页面设置。单击 **U Methods** 进入 **Blocks | HEATX | Setup | U Methods** 页面。总传热系数方法包括：常数值（Constant U value）、相态法（Phase specific values）、基于流量的幂律法（Power law for flow rate）、换热器几何结构

（Exchanger geometry）、膜系数法（Film coefficients）和用户子程序（User subroutine）。本例题选择相态法，U 值采用默认值，如图 5-11 所示。

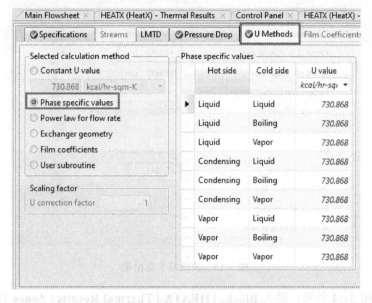

图 5-11　HeatX 总传热系数 U 的设置

步骤 10：运行流程。单击 **Next** 按钮，出现是否运行计算对话框，单击 **OK**。

步骤 11：查看计算结果。从左侧数据浏览窗口选择 **Blocks | HEATX | Thermal Results**，在 Summary 页面可以看出甲醇的出口温度为 94.01℃，气相分率为 0.78，换热器的热负荷为 640.96kW，如图 5-12 所示。

图 5-12　计算结果

在 **Blocks | HEATX | Thermal Results | Exchanger Details** 页面可以看到换热器需要的面积为 16.69m²，LMTD 为 45.18℃，如图 5-13 所示。

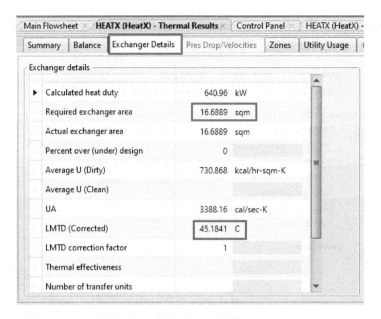

图 5-13　换热器参数结果

此外，如图 5-14 所示，进入 **Blocks | HEATX | Thermal Results | Zones** 页面可以看到换热器内根据冷、热流体相态对传热面积分区计算的情况，包括各区域的热流体温度、冷流体温度、对数平均温差、总传热系数、热负荷和传热面积等信息。我们可根据此信息分析换热方案是否合理以及改进设计方案。

图 5-14　换热器分区结果

5.2.2　管壳式换热器

Aspen Plus V8.8 以上版本的详细计算（detailed）已默认为不可用，而 shell&tube、kettle reboiler、thermosyphon、air cooled 和 plate 类型的换热器实际上是调用 Aspen exchanger design and rating（Aspen EDR）进行换热器的设计、模拟和核算。本节仅简单介绍如何从 exchangers 模块调用 Aspen EDR，下一节通过例题简要介绍 Aspen EDR 的用法，深入学习可以参考其他教材。

在例 5-2 简捷法计算的基础上，由数据浏览窗口选择 **Blocks | HEATX | Setup |**

Specifications，选择模拟类型为 Shell & Tube，在弹出的对话框中换热器类型选择 Shell & Tube，Select Conversion Method（转换方式）选择 Specify Exchanger Geometry（指定换热器几何结构）/Input key geometry（输入关键几何结构），点击 Convert 从简捷计算转换至严格计算，如图 5-15 所示。

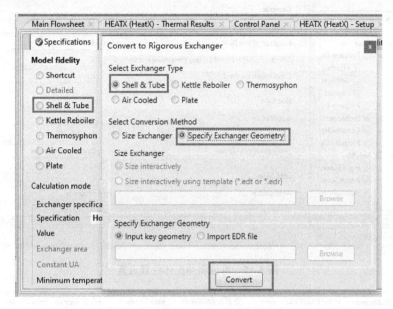

图 5-15　转换至严格计算

将计算模式改为 **Rating**，如图 5-16 所示。

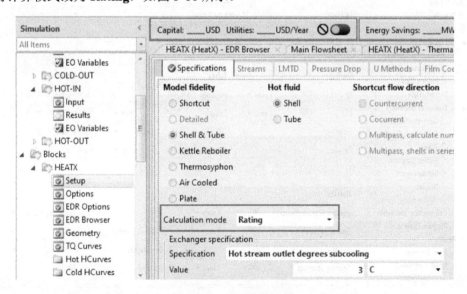

图 5-16　计算模式设置

进入 **Blocks | HEATX | Setup | EDR Browser** 页面设置换热器的几何尺寸。将单位制改为 Metric，在 **EDR Navigation | Input | Problem Definition | Application Options** 页面设置热流体在壳程，如图 5-17 所示。

在 **EDR Navigation | Input | Exchanger Geometry | Geometry Summary** 页面设置管壳程尺寸参数，没有给的尺寸采用默认值，如图 5-18 所示。

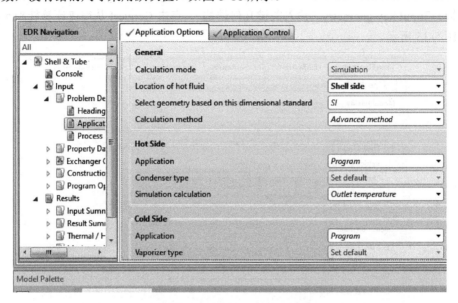

图 5-17　单位和热流体位置设置

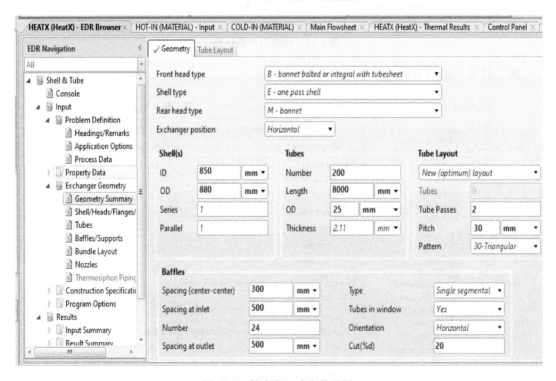

图 5-18　管壳程尺寸参数设置

在 **EDR Navigation | Input | Exchanger Geometry | Baffles/Supports** 页面设置管板间距、壳/管束间隙，未知尺寸采用默认值，如图 5-19 所示。

在 **EDR Navigation | Input | Exchanger Geometry | Nozzles** 页面设置管壳程管嘴尺寸，

如图 5-20 所示。

点击运行，在 **Blocks | HEATX | Thermal Results | Exchanger Details** 查看换热器结果，如图 5-21 所示。

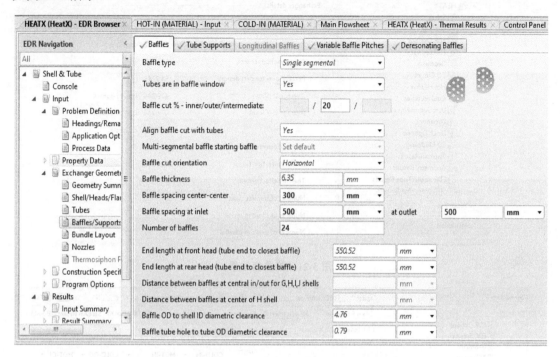

图 5-19　管板间距、壳/管束间隙设置

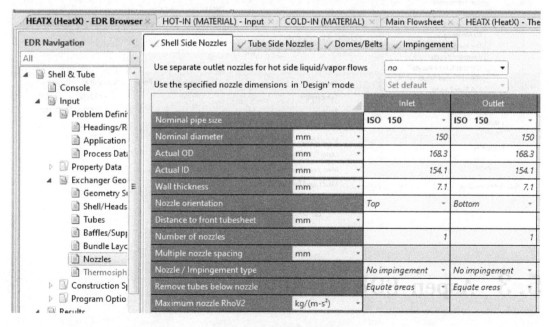

图 5-20　管壳程管嘴设置

在 **Blocks | HEATX | Stream Results | Material** 查看物流结果，见图 5-22。

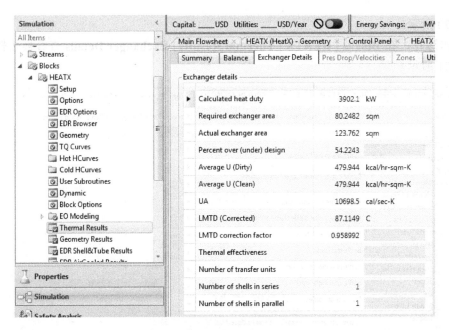

图 5-21　换热器结果

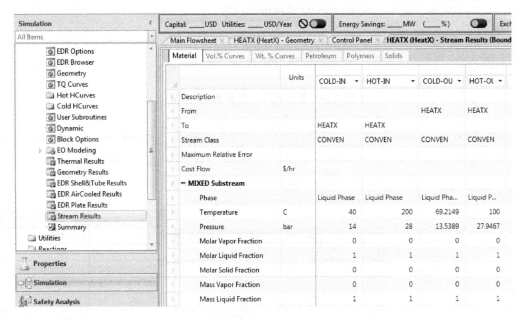

图 5-22　物流结果

5.3　Aspen EDR 设计和校核

Aspen EDR 是美国 Aspen Tech 公司推出的一款传热计算工程软件套件，包含在 AspenONE 产品之中。Aspen EDR 的计算模式包括设计（design）、校核（rating/checking）、模拟（simulation）、最大污垢热阻（maximum fouling）四种模式。Aspen EDR 可方便地应用于管壳式换热器、套管式换热器（套管或夹套式）和多管马蹄型套管式换热器（发夹型，U型）、空气冷却器、省煤器、板框式换热器、板翅式换热器和燃烧式加热炉等各种各样的换热器的设计。考虑到管壳式换热器是应用最广泛的换热器型式，本节以例题详细介绍利用 Aspen EDR 进行管壳式换热器的设计和校核。

例 5-3 设计一台用水冷却苯的管壳式换热器，冷却水走管程，苯走壳程。苯的流量为 14.8kg/s，入口压力为 5.5bar（绝压），要求从 92℃冷却至 53℃，允许压降为 0.9bar；冷却水的流量为 18.8kg/s，入口温度为 32℃，入口压力为 4.5bar，允许压降为 0.6bar；管程和壳程的污垢热阻均为 0.00017m^2·K/W。由于冷热流体入口温差小于 110℃，且污垢热阻小于 0.00035m^2·K/W，换热器的冷热流体均为较清洁流体，故选择固定管板式换热器，前端封头采用 B 型，后端封头采用 M 型，壳体为 E 型。换热管为外径 19mm、壁厚 2mm 的光滑管，30°排列，管间距为 25mm。折流板选用单弓形折流板。

步骤 1：新建一个管壳式换热器 EDR 设计文件。启动 Aspen Exchanger Design and Rating V10，如图 5-23 所示，点击 **New**，选择 **Shell&Tube**，点击 **Create** 按钮，将文件保存为 Example 5.3.EDR。

图 5-23　新建一个管壳式换热器 EDR 文件

步骤 2：设置应用选项。点击左侧目录进入 **Input | Problem Definition | Application Options | Application Options** 页面。Calculation mode（计算模式）采用默认选项 Design（Sizing），将 Location of hot fluid（热流体位置）设为 Shell side（壳侧），将 Hot Side 和 Cold Side 下的 Application 选项均设为 Liquid，no phase change（液态，无相变），如图 5-24 所示。

步骤 3：输入过程数据。点击进入 **Input | Process Data** 页面，输入冷热物流数据（注意单位要设置正确），其中，输入进口压力和允许压力降，程序默认估计压力降等于允许压力降，出口压力自动计算得出，如图 5-25 所示。

❖ **注意**：污垢热阻的经验值可查阅 GB/T 151—2014《热交换器》附录 E。

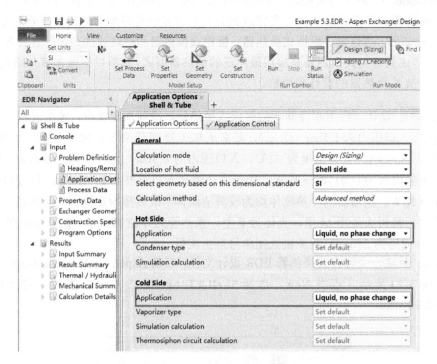

图 5-24　设置应用选项

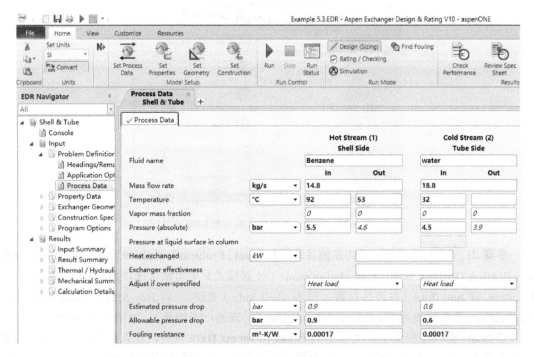

图 5-25　输入过程数据

步骤 4：设置物性数据。点击进入 **Input | Property Data | Hot Stream（1） Compositions | Composition** 页面，选择 Physical property package（物性包）为 Aspen Properties，如图 5-26 所示。

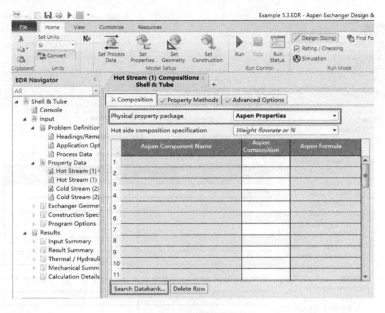

图 5-26　选择物性包

　　点击 **Search Databank…**按钮进入组分添加页面（方法与 Aspen Plus 添加组分方法类似）。通过分子式 C6H6 搜索结果，选择 BENZENE（苯），点击 **Add selected compounds** 增加苯到下方 Selected Compounds 框中。通过 H2O 搜索结果，选择 WATER（水），点击 **Add selected compounds** 增加水到下方 Selected Compounds 框中。点击 **Use Selected Compounds** 按钮（图 5-27）将苯添加到热物流组分页面，设置热物流中苯的含量为 100%，如图 5-28 所示。如果需要删除添加的组分，左键点击选中需要删除的组分一行，点击 **Delete Row** 按钮删除。Property Methods 页面保持默认设置。

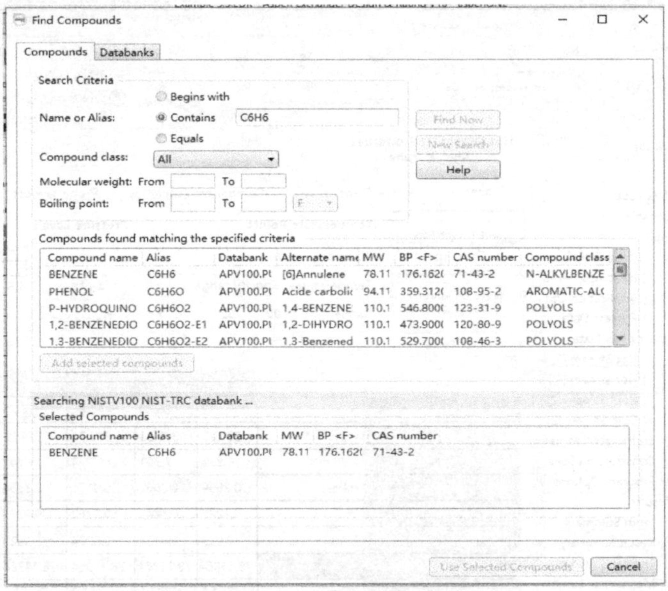

图 5-27　查找并选择热流体组分

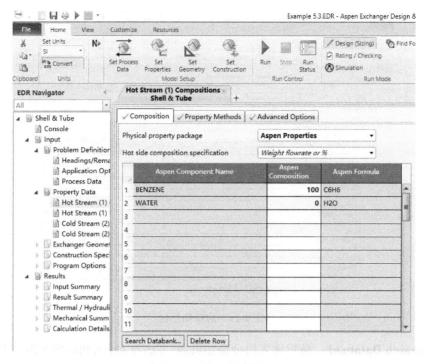

图 5-28　添加热流体组分

点击左侧目录进入 **Input | Property Data | Hot Stream（1） Properties | Properties** 页面，如果 Pressure Levels 中给出的压力范围小于实际范围，需要根据实际情况进行修改，以免影响计算结果的可靠性。点击 **Get Properties** 按钮获得热流体物性数据（不进行此操作，系统运行时会自动填上），如图 5-29 所示。点击 **Restore Defaults** 可以恢复默认设置。

图 5-29　获取热流体物性数据

依据同样方法设置冷流体组分物性方法为 Aspen Properties，设置冷物流中水的含量为 100%，在 **Input | Property Data | Cold Stream（2）Properties | Properties** 页面点击 **Get Properties** 按钮获得冷流体物性数据，如图 5-30 所示。

❖ **注意：** 冷流体的温度范围要合理。这里估计是在 32～92℃，计算 13 节点。自己设置时，温度范围可以大一些，运行完毕后可以根据温度实际范围进行调整。

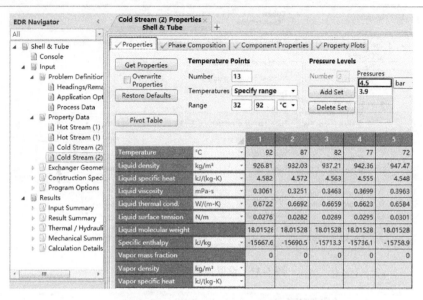

图 5-30　获取冷流体物性数据

步骤5： 设置结构参数。点击进入 **Input | Exchanger Geometry | Shell/Heads/Flanges/Tubesheets | Shell/Heads** 页面，选择 Front head type（前封头类型）为 B 型，Shell type（壳体类型）为 E 型（单程壳体），Rear head type（后封头类型）为 M 型，如图 5-31 所示。有关管壳式换热器的主要组合部件如前端管箱、壳体和后端管箱类型可以参阅 GB/T 151—2014。

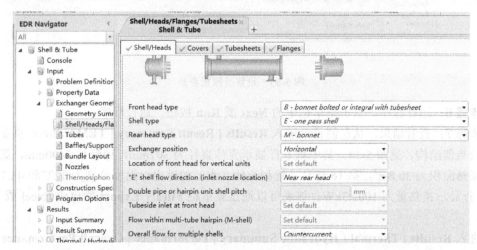

图 5-31　选择 TEMA 类型

点击进入 **Input | Exchanger Geometry | Tubes** 页面，选择 Tube type（管类型）为 Plain

（光滑管），输入 Tube outside diameter（管外径）为 19mm，Tube wall thickness（管壁厚）为 2mm，Tube pitch（管间距）为 25mm，选择 Tube pattern（管子排列方式）为 30-Triangular（30°正三角形排列），其余保持默认设置，如图 5-32 所示。

点击进入 **Input | Exchanger Geometry | Baffles/Supports** 页面，设置 Baffle type（折流板类型）为 Single segmental（单弓形），如图 5-33 所示。

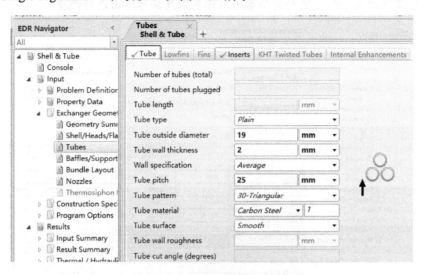

图 5-32　设置换热管结构参数

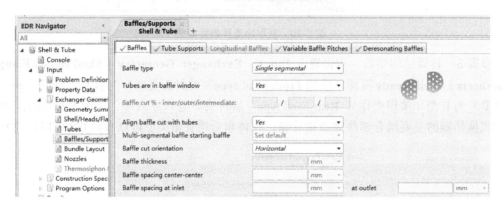

图 5-33　设置折流板参数

步骤 6：运行程序。点击菜单栏中的 **Next** 或 **Run** 按钮，运行程序。

步骤 7：查看结果。从左侧目录进入 **Results | Result Summary | TEMA Sheet** 页面查看设计换热器结构，见图 5-34。其中第 6 行显示壳体直径为 307mm，列管长 5400mm，第 7 行显示换热面积为 30.8m^2，第 16 行显示管程流体（水）的进出口温度分别为 32℃和 43.79℃，第 29 行显示换热量为 1002.3kW。该表可以通过菜单栏 **Files | Export** 输出成 Excel 或 Word 形式。

进入 **Results | Thermal / Hydraulic Summary | Performance | Overall Performance** 页面查看换热器的性能情况，如图 5-35 所示。可以看出，Vibration problem 和 RhoV2 problem 均为 No，下方的热阻分布图显示 Shell side/Fouling/Wall/Fouling/Tube side（壳侧、壳侧污垢、

管壁、管侧污垢以及管侧的热阻）占总热阻的比例（具体数值在 **Results | Thermal / Hydraulic Summary | Resistance Distribution** 页面）。可以看出，设计的换热器管侧和壳侧的热阻基本平衡。

进入 **Results | Mechanical Summary | Exchanger Geometry | Basic Geometry** 页面可以查看换热器的几何结构数据，如图 5-36 所示。

进入 **Results | Mechanical Summary | Setting Plan & Tubesheet layout | Setting Plan** 页面可以查看换热器的几何结构图，如图 5-37 所示。

	TEMA Sheet		Heat Exchanger Specification Sheet							
1	Company:									
2	Location:									
3	Service of Unit:		Our Reference:							
4	Item No.:		Your Reference:							
5	Date:	Rev No.:	Job No.:							
6	Size: 307 - 5400	mm	Type:	BEM	Horizontal		Connected in: 1	parallel	1	series
7	Surf/unit(eff.)	30.8	m²	Shells/unit	1			Surf/shell(eff.)	30.8	m²
8				PERFORMANCE OF ONE UNIT						
9	Fluid allocation				Shell Side			Tube Side		
10	Fluid name				Benzene			water		
11	Fluid quantity, Total		kg/s		14.8			18.8		
12	Vapor (In/Out)		kg/s	0		0		0		0
13	Liquid		kg/s	14.8		14.8		18.8		18.8
14	Noncondensable		kg/s	0		0		0		0
15										
16	Temperature (In/Out)		°C	92		53		32		43.79
17	Bubble / Dew point		°C	/		/		/		/
18	Density Vapor/Liquid		kg/m³	/ 801.28		/ 843.6		/ 987.27		/ 975.73
19	Viscosity		mPa-s	/ 0.2839		/ 0.4288		/ 0.7863		/ 0.6255
20	Molecular wt, Vap									
21	Molecular wt, NC									
22	Specific heat		kJ/(kg-K)	/ 1.829		/ 1.644		/ 4.523		/ 4.524
23	Thermal conductivity		W/(m-K)	/ 0.1228		/ 0.1347		/ 0.6158		/ 0.6304
24	Latent heat		kJ/kg							
25	Pressure (abs)		bar	5.5		4.66415		4.5		4.37794
26	Velocity (Mean/Max)		m/s		0.94 / 1.07			1.12 / 1.12		
27	Pressure drop, allow./calc.		bar	0.9		0.83585		0.6		0.12206
28	Fouling resistance (min)		m²-K/W		0.00017		0.00017	0.00022 Ao based		
29	Heat exchanged	1002.3	kW				MTD (corrected)	33.09		°C
30	Transfer rate, Service	982.9		Dirty	987.6		Clean	1594.3		W/(m²-K)
31				CONSTRUCTION OF ONE SHELL					Sketch	
32				Shell Side		Tube Side				
33	Design/Vacuum/test pressure	bar	7 /	/		5 /	/			
34	Design temperature	°C		130		130				
35	Number passes per shell			1		1				
36	Corrosion allowance	mm		3.18		3.18				
37	Connections In	mm	1	152.4 /	-	1	88.9 /	-		
38	Size/Rating Out		1	101.6 /	-	1	101.6 /	-		
39	Nominal Intermediate		1	/	-	1	/	-		
40	Tube #: 97	OD: 19	Tks. Average 2	mm	Length: 5400	mm	Pitch: 25	mm	Tube pattern:30	
41	Tube type: Plain	Insert:None			Fin#/		#/m	Material:Carbon Steel		
42	Shell Carbon Steel	ID 307.09	OD 323.85		mm	Shell cover	-			
43	Channel or bonnet	Carbon Steel				Channel cover	-			
44	Tubesheet-stationary	Carbon Steel		-		Tubesheet-floating	-			
45	Floating head cover	-				Impingement protection	None			
46	Baffle-cross Carbon Steel		Type	Single segmental	Cut(%d) 28.85	Horiz	Spacing: c/c 135			mm
47	Baffle-long -			Seal Type			Inlet 298.98			mm
48	Supports-tube	U-bend		0			Type			
49	Bypass seal			Tube-tubesheet joint		Expanded only (2 grooves)(App.A 'i')				
50	Expansion joint	-			Type None					
51	RhoV2-Inlet nozzle 787		Bundle entrance 547			Bundle exit 376			kg/(m-s²)	
52	Gaskets - Shell side	-		Tube side		Flat Metal Jacket Fibe				
53	Floating head									
54	Code requirements	ASME Code Sec VIII Div 1		TEMA class R - refinery service						
55	Weight/Shell 1060.1	Filled with water 1424.9		Bundle 540.6		kg				
56	Remarks									
57										
58										

图 5-34　换热器设计 TEMA Sheet 清单

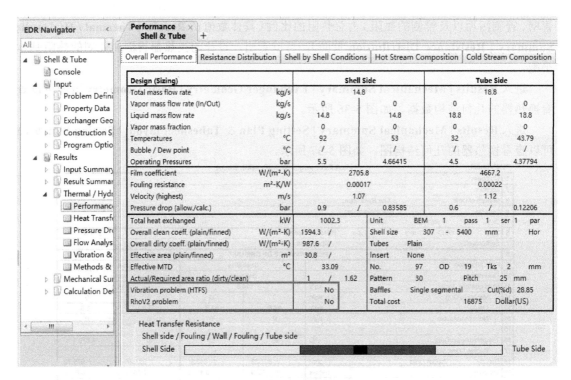

图 5-35 换热器性能结果

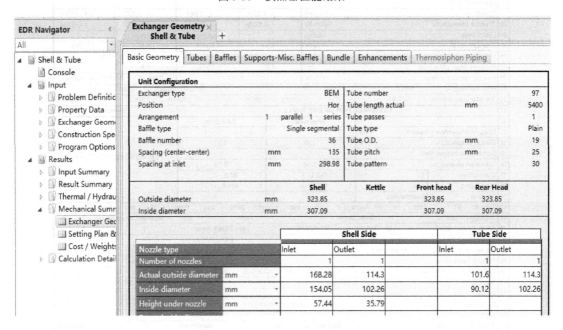

图 5-36 换热器的几何结构数据

进入 **Results | Mechanical Summary | Setting Plan & Tubesheet layout | Tubesheet layout** 页面可以查看换热器的布管信息，如图 5-38 所示。

进入 **Results | Mechanical Summary | Cost / Weights** 页面可以查看换热器的费用和质量信息，如图 5-39 所示。

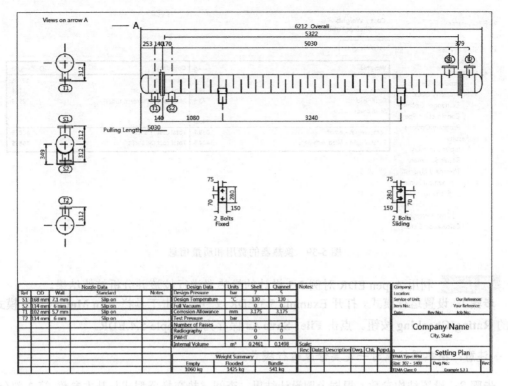

图 5-37 换热器的几何结构图

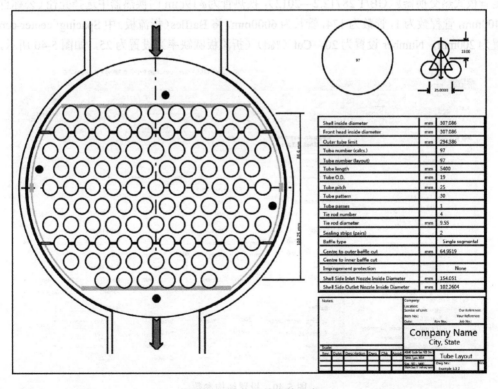

图 5-38 换热器的布管信息

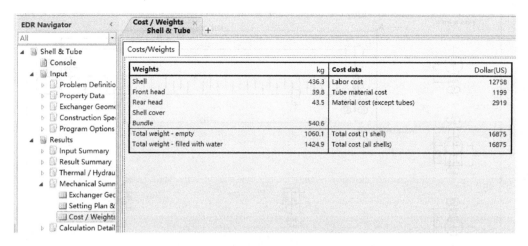

图 5-39　换热器的费用和质量信息

例 5-4　利用 Aspen EDR 对例 5-3 设计的换热器进行校核并分析校核结果。

步骤 1：设置运行模式。打开 Example 5.3.EDR 文件，点击工具栏 **Run Mode**（运行模式）中的 **Rating/Checking** 按钮。点击 **File | Save As** 保存为 Example 5.4.EDR。

> ❖ **注意**：换热器校核时一定要修改运行模式。

步骤 2：设置结构参数。根据上题设计结果，查阅《热交换器型式与基本参数 第 2 部分：固定管板式热交换器》（GB/T 28712.2—2012），换热管为 ϕ19mm 的换热器中选择壳径（公称直径）为 400mm，管程数为 1，管数为 174，管长为 6000mm。将 Baffles（折流板）中 Spacing（center-center）设置为 200mm，Number 设置为 20，Cut（%d）（折流板圆缺率）设置为 25，如图 5-40 所示。

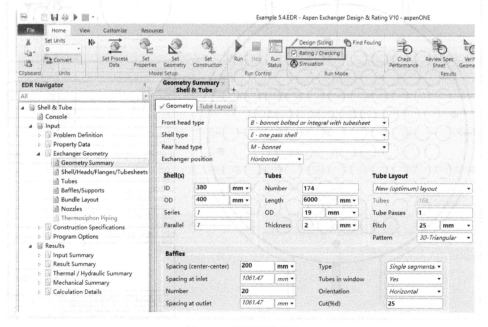

图 5-40　设置结构参数

点击进入 **Input | Exchanger Geometry | Nozzles | Shell Side Nozzles** 页面，将壳程进出口接管

内外径分别圆整为 150mm 和 159mm，如图 5-41 所示。同样，点击进入 **Input | Exchanger Geometry | Nozzles | Tube Side Nozzles** 页面，将管程进出口接管内外径分别圆整为 150mm 和 159mm。

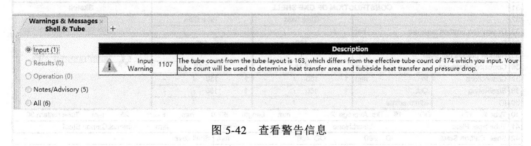

图 5-41 设置壳程接管直径

步骤 3：运行程序。点击工具栏中 **Run** 按钮运行程序。运行结束自动进入 **Results | Result Summary | Warnings & Messages** 页面，如图 5-42 所示。可以看出，有一条警告信息显示排列出的管子数与输入的管子数不同，可忽略该警告。

图 5-42 查看警告信息

步骤 4：查看校核结果。从左侧目录进入 **Results | Result Summary | TEMA Sheet** 页面查看设计换热器结构，见图 5-43。其中第 6 行显示壳体直径为 380mm，列管长 6000mm，第 7 行显示换热面积为 $61.5m^2$，第 16 行显示管程流体（水）的进出口温度分别为 32℃ 和 43.79℃，第 29 行显示换热量为 1002.3kW。

进入 **Results | Thermal / Hydraulic Summary | Performance | Overall Performance** 页面查看换热器的性能情况，如图 5-44 所示。换热器实际/所需面积比（污垢/干净）[Actual/ Required area ratio（dirty/clean）] 为 1.41/1.92，考虑污垢热阻时换热器面积余量为 1.41（一般要求在 1.3~1.5 之间）；壳侧压力降为 0.20389bar，管程压力降为 0.03325bar，均小于允许压力降；换热器总传热系数为 $693.3W/(m^2 \cdot K)$，在经验值范围之内。

进入 **Results | Thermal / Hydraulic Summary | Heat Transfer | Heat Transfer Coefficients** 页面查看换热器管壳侧传热膜系数（Film coefficients）、雷诺数（Reynolds numbers），如图 5-45 所示。在 **Results | Thermal / Hydraulic Summary | Heat Transfer | MTD & Flux** 页面可以看出本换热器的有效平均温度差为 33.07℃，如图 5-46 所示。

TEMA Sheet

Heat Exchanger Specification Sheet

#											
1	Company:										
2	Location:										
3	Service of Unit:		Our Reference:								
4	Item No.:		Your Reference:								
5	Date:	Rev No.:	Job No.:								
6	Size: 380 - 6000 mm	Type: BEM Horizontal			Connected in: 1 parallel 1 series						
7	Surf/unit(eff.) 61.5 m²		Shells/unit 1		Surf/shell(eff.) 61.5 m²						
8	**PERFORMANCE OF ONE UNIT**										

9	Fluid allocation		Shell Side		Tube Side	
10	Fluid name		Benzene		Water	
11	Fluid quantity, Total	kg/s	14.8		18.8	
12	Vapor (In/Out)	kg/s	0	0	0	0
13	Liquid	kg/s	14.8	14.8	18.8	18.8
14	Noncondensable	kg/s	0	0	0	0
15						
16	Temperature (In/Out)	℃	92	52.97	32	43.79
17	Bubble / Dew point	℃	/	/	/	/
18	Density Vapor/Liquid	kg/m³	/ 801.28	/ 843.62	/ 987.27	/ 975.73
19	Viscosity	mPa-s	/ 0.2839	/ 0.4289	/ 0.7863	/ 0.6255
20	Molecular wt, Vap					
21	Molecular wt, NC					
22	Specific heat	kJ/(kg-K)	/ 1.829	/ 1.644	/ 4.523	/ 4.524
23	Thermal conductivity	W/(m-K)	/ 0.1228	/ 0.1347	/ 0.6158	/ 0.6304
24	Latent heat	kJ/kg				
25	Pressure (abs)	bar	5.5	5.29611	4.5	4.46675
26	Velocity (Mean/Max)	m/s	0.4 / 0.62		0.62 / 0.63	
27	Pressure drop, allow./calc.	bar	0.9	0.20389	0.6	0.03325
28	Fouling resistance (min)	m²-K/W	0.00017		0.00017	0.00022 Ao based
29	Heat exchanged 1002.3 kW				MTD (corrected) 33.07 ℃	
30	Transfer rate, Service 492.7		Dirty 693.3		Clean 946.1 W/(m²-K)	
31	**CONSTRUCTION OF ONE SHELL**				**Sketch**	

32			Shell Side		Tube Side		
33	Design/Vacuum/test pressure	bar	7 / /		5 / /		
34	Design temperature	℃	130		130		
35	Number passes per shell		1		1		
36	Corrosion allowance	mm	3.18		3.18		
37	Connections In	mm	1 150 /	-	1 150 /	-	
38	Size/Rating Out		1 150 /	-	1 150 /	-	
39	ID Intermediate		/	-	/	-	
40	Tube #: 174 OD: 19 Tks. Average 2 mm Length: 6000 mm Pitch: 25 mm Tube pattern:30						
41	Tube type: Plain	Insert:None		Fin#: #/m		Material:Carbon Steel	
42	Shell Carbon Steel ID 380 OD 400 mm				Shell cover -		
43	Channel or bonnet Carbon Steel				Channel cover -		
44	Tubesheet-stationary Carbon Steel		-		Tubesheet-floating -		
45	Floating head cover -				Impingement protection None		
46	Baffle-cross Carbon Steel Type Single segmental Cut(%d) 27.21				Horiz Spacing: c/c 200 mm		
47	Baffle-long - Seal Type				Inlet 1061.47 mm		
48	Supports-tube U-bend 0				Type		
49	Bypass seal		Tube-tubesheet joint		Expanded only (2 grooves)(App.A 'i')		
50	Expansion joint -		Type None				
51	RhoV2-Inlet nozzle 875		Bundle entrance 27		Bundle exit 26 kg/(m-s²)		
52	Gaskets - Shell side -		Tube side		Flat Metal Jacket Fibe		
53	Floating head -						
54	Code requirements ASME Code Sec VIII Div 1				TEMA class R - refinery service		
55	Weight/Shell 1834.5 Filled with water 2461.8				Bundle 1013.5 kg		
56	Remarks						
57							
58							

图 5-43 校正后的换热器设计 TEMA Sheet 清单

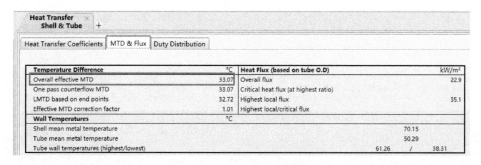

Performance
Shell & Tube × +

| Overall Performance | Resistance Distribution | Shell by Shell Conditions | Hot Stream Composition | Cold Stream Composition |

Rating / Checking		Shell Side		Tube Side	
Total mass flow rate	kg/s	14.8		18.8	
Vapor mass flow rate (In/Out)	kg/s	0	0	0	0
Liquid mass flow rate	kg/s	14.8	14.8	18.8	18.8
Vapor mass fraction		0	0	0	0
Temperatures	°C	92	52.97	32	43.79
Bubble / Dew point	°C	/	/	/	/
Operating Pressures	bar	5.5	5.29611	4.5	4.46675
Film coefficient	W/(m²-K)	1485.2		2939.1	
Fouling resistance	m²-K/W	0.00017		0.00022	
Velocity (highest)	m/s	0.62		0.63	
Pressure drop (allow./calc.)	bar	0.9 /	0.20389	0.6 /	0.03325

Total heat exchanged	kW	1002.3		Unit	BEM	1	pass	1	ser	1	par
Overall clean coeff. (plain/finned)	W/(m²-K)	946.1	/	Shell size	380	-	6000	mm		Hor	
Overall dirty coeff. (plain/finned)	W/(m²-K)	693.3	/	Tubes	Plain						
Effective area (plain/finned)	m²	61.5	/	Insert	None						
Effective MTD	°C	33.07		No.	174	OD	19	Tks	2	mm	
Actual/Required area ratio (dirty/clean)		1.41 /	1.92	Pattern	30		Pitch	25	mm		
Vibration problem (HTFS)		No		Baffles	Single segmental		Cut(%d)	27.21			
RhoV2 problem		No		Total cost	21974		Dollar(US)				

Heat Transfer Resistance
Shell side / Fouling / Wall / Fouling / Tube side

Shell Side [▭▭▭▭▭▭▭▭] Tube Side

图 5-44　查看校核结果

❖ **注意**：换热器内冷、热流股的流态均应为湍流态（$Re>6000$）。

Heat Transfer
Shell & Tube × +

| Heat Transfer Coefficients | MTD & Flux | Duty Distribution |

Film coefficients	W/(m²-K)	Shell Side		Tube Side	
		Bare area (OD) /	Finned area	Bare area (OD) /	ID area
Overall film coefficients		1485.2 /		2939.1 /	3722.8
Vapor sensible		/		/	
Two phase		/		/	
Liquid sensible		1485.2 /		2939.1 /	3722.8
Heat Transfer Parameters		**In**	**Out**	**In**	**Out**
Prandtl numbers	Vapor				
	Liquid	4.23	5.23	5.77	4.49
Reynolds numbers	Vapor Nominal				
	Liquid Nominal	33000	21847.24	11664.07	14662.74
Fin Efficiency					

图 5-45　查看传热系数

Heat Transfer
Shell & Tube × +

| Heat Transfer Coefficients | MTD & Flux | Duty Distribution |

Temperature Difference	°C	Heat Flux (based on tube O.D)		kW/m²
Overall effective MTD	33.07	Overall flux		22.9
One pass counterflow MTD	33.07	Critical heat flux (at highest ratio)		
LMTD based on end points	32.72	Highest local flux		35.1
Effective MTD correction factor	1.01	Highest local/critical flux		
Wall Temperatures	°C			
Shell mean metal temperature				70.15
Tube mean metal temperature				50.29
Tube wall temperatures (highest/lowest)			61.26 /	38.31

图 5-46　查看有效平均温度差

本设计的换热器型号为 BEM400-2.5-62-6/19-1。具体的结构参数为：公称直径 400mm；管子为 ϕ19mm×2mm 的碳钢管，长度为 6m，管心距为 25mm，管子数为 174 根，管程数为 1，排列角度为 30°；折流板为圆缺率 25%的单弓形折流板，间距为 200mm。

习 题

5-1 等摩尔比的乙醇和乙酸混合物，流量为 5000kg/h，压力为 110kPa，温度为 20℃。计算将上述混合物加热至 40℃和饱和蒸气所需的热负荷。加热器压力为 101.3kPa，物性方法采用 NRTL-HOC。

5-2 将等摩尔比的乙醇和乙酸混合物（5000kg/h，110kPa，20℃）与其酯化反应产物换热加热至 80℃。酯化产物的流量为 5000kg/h，其中乙酸乙酯、水、乙醇和乙酸的摩尔浓度为 40%、40%、10%和 10%，压力为 115kPa，温度为 200℃。加热器压力为 101.3kPa，物性方法采用 NRTL-HOC，换热器传热系数 U=200W/(m^2·K)。求酯化产物出口温度和需要的换热面积。

5-3 利用 Aspen EDR 设计一卧式冷凝器并进行校核，工艺条件如表 5-1 所示。热流体走壳程，冷流体走管程，A 型前封头，S 型后封头，E 型壳体。换热管为外径 19mm，壁厚 2mm 的光滑管，30°排列，管间距为 25mm。折流板选用单弓形折流板。

表 5-1 冷凝器工艺条件

工艺流体	冷流体（CW）	热流体（NC$_5$/XY/N$_2$）
流量/(kg/h)	—	1.7
进口/出口温度/℃	38/40	98/50
入口压力（绝对压力）/kPa	200	175
允许压力降/kPa	60	20
污垢热阻/(m^2·K/W)	0.0002	0.0001
组分（摩尔分数）	水	正戊烷（0.63） 对二甲苯（0.14） 氮气（0.23）

第6章

简单分离器模拟

化工厂有大量的设备用于原料或产品的分离。一般情况下，多相混合物首先使用旋风分离器、离心机、过滤机等设备进行固相分离，然后将获得的均相混合物进一步分离得到所需原料或最终产品。如图 6-1 所示，可以采用不同的方法如蒸馏、吸收、萃取、共沸或萃取精馏、脱附、结晶、干燥、升华和蒸发对均相混合物进行分离。上述分离方法的共同特点：①存在热力学平衡的相；②存在不同相之间的传质；③相之间有一个或多个接触点。

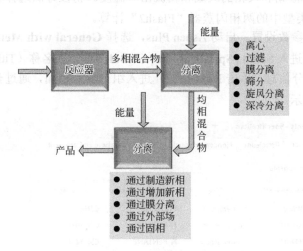

图 6-1　化工厂分离过程

描述传质有两种基本方法：①质量传递速率方程，即利用部分和整体传质系数的 Fick 定律；②平衡级理论，即忽略级间传质阻力，各相之间的传质速率由各组分进入各相的速率决定。Aspen Plus 能够在其主要分离单元操作模型中使用这两种方法。本章主要介绍用于简单分离的分离器模型。

如图 6-2 所示，Aspen Plus 分离器模块包含五个模型：两相闪蒸器 Flash2、三相闪蒸器 Flash3、倾析器 Decanter、组分分离器 Sep 和两组分分离器 Sep2。

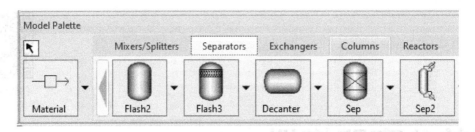

图 6-2　分离器模块

6.1　两相闪蒸器

两相闪蒸器（Flash2）模型模拟给定热力学条件下的气-液平衡或气-液-液平衡计算，输出一股气相和一股液相产物，主要用于模拟闪蒸器、蒸发器、气液分离器等。下面以例 6-1 介绍 Flash2 模型的主要用法。

例 6-1　流量为 100kmol/h、温度为 25℃的烃类混合物，其中丙烷、正丁烷、正戊烷、正己烷的摩尔分数分别为 0.1、0.2、0.3 和 0.4，气相分率为 0.2，进入闪蒸器 Flash2 在 110kPa 绝热闪蒸分离。计算液相和气相的组成和物流出口温度。物性方法选择 PENG-ROB。

解： 用分离器类型中的两相闪蒸器"Flash2"计算。

步骤 1：全局性参数设置。启动 Aspen Plus，选择 **General with Metric Units**，文件保存为 Example 6.1.apw。进入 **Setup | Specifications | Global** 页面，在名称（Title）框中输入 Flash2。

步骤 2：输入组分信息。单击 **Next** 按钮，进入组分输入页面，通过查找各烃类分子式添加组分，如图 6-3 所示。

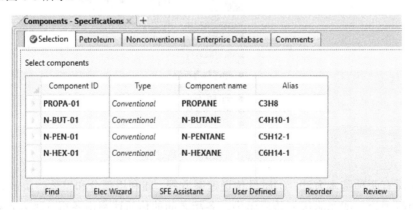

图 6-3　输入组分信息

步骤 3：选择物性方法。单击 **Next** 按钮，选择物性方法，选用 PENG-ROB。

步骤 4：建立流程。单击 **Next** 按钮，进入模拟页面，绘制流程图，如图 6-4 所示。

步骤 5：输入进料信息。单击 **Next** 按钮或双击 FEED 物流线进入 **Streams | FEED | Input | Mixed** 页面输入进料信息，如图 6-5 所示。

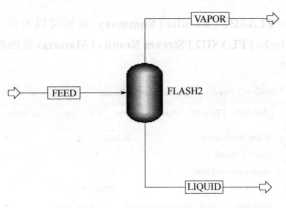

图 6-4　两相闪蒸器流程

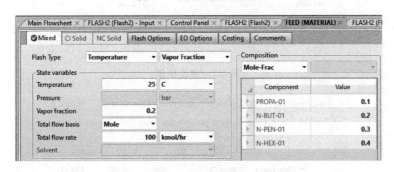

图 6-5　输入进料信息

步骤 6：输入 Flash2 模块信息。单击 **Next** 按钮或双击 **FLASH2** 模块进入 **Blocks | FLASH2 | Input | Specifications** 页面设置模块操作参数，如图 6-6 所示。两相闪蒸器模块参数有 3 组，其中闪蒸规定（Flash specifications）从温度、压力、热负荷和气相分率中选定 2 个进行设置，有效相态（Valid phases）从气-液、气-液-液、气-液-游离水和气-液-污水中选定 1 个，雾沫夹带（Entrainment）即液相被带入气相的分率需进入 **Blocks | FLASH2 | Input | Entrainment** 页面进行设置，本题不进行雾沫夹带设置。

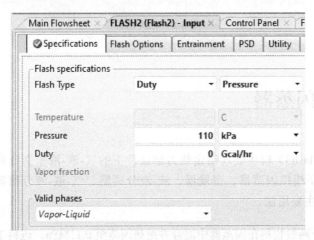

图 6-6　设置 Flash2 操作参数

步骤 7：运行流程和查看结果。单击 **Next** 或 **Run** 按钮根据提示运行流程，运行无错误

和警告。进入 **Blocks | FLASH2 | Results | Summary** 页面可以看出出口温度为 25.54℃，如图 6-7 所示。进入 **Blocks | FLASH2 | Stream Results | Material** 页面查看出口气相和液相摩尔组成，如图 6-8 所示。

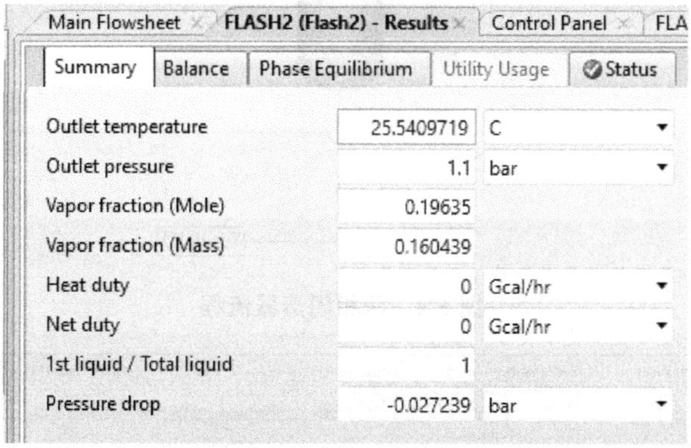

图 6-7　模块结果

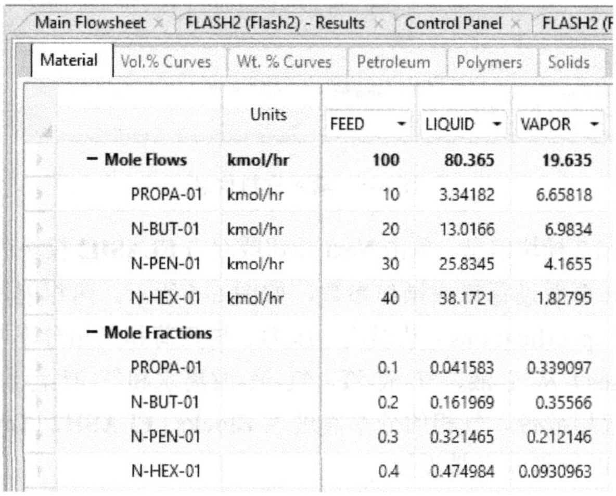

图 6-8　物流结果

6.2　三相闪蒸器

三相闪蒸器（Flash3）模块处理给定热力学条件下的气-液-液平衡计算，输出一股气相和两股液相产物。用于模拟闪蒸器、蒸发器、液-液分离器、气-液-液分离器等。下面以例 6-2 介绍 Flash3 模块的主要用法。

例 6-2　某厂两股物料在闪蒸器中混合并绝热闪蒸至 0.11MPa。进料 1 的流量为 500kg/h、压力为 0.8MPa、温度为 100℃，其中乙醇和水的质量分数分别为 70% 和 30%；进料 2 的流量为 300kg/h、压力为 0.8MPa、温度为 70℃，其中乙醇和正己烷的质量分数分别为 40% 和 60%。

第一和第二液相的雾沫夹带量分别为 0.01 和 0.005。求离开闪蒸器的气、液、液三相的温度、质量流量和组成。物性方法选择 NRTL。

解：用分离器类型中的三相闪蒸器模块"Flash3"计算。

步骤 1：全局性参数设置。启动 Aspen Plus，选择 **General with Metric Units**，文件保存为 Example 6.2.apw。进入 **Setup | Specifications | Global** 页面，在名称（Title）框中输入 Flash 3。

步骤 2：输入组分信息。单击 **Next** 按钮，进入组分输入页面，通过输入名称或查找分子式添加组分，如图 6-9 所示。

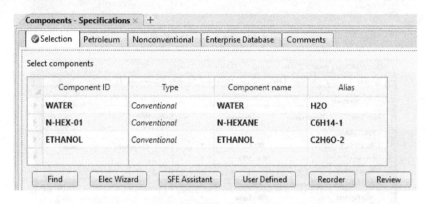

图 6-9　输入组分信息

步骤 3：选择物性方法。单击 **Next** 按钮，选择物性方法，选用 NRTL。

步骤 4：建立流程。单击 **Next** 按钮，进入模拟页面，绘制流程图，如图 6-10 所示。

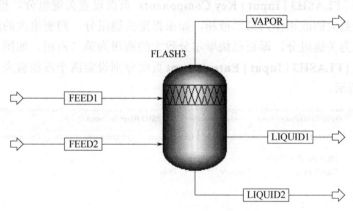

图 6-10　三相闪蒸器模拟流程

步骤 5：输入进料信息。单击 **Next** 按钮或双击 **FEED1** 物流线进入 **Streams | FEED1 | Input | Mixed** 页面输入进料信息，如图 6-11 所示。单击 **Next** 按钮或双击 **FEED2** 物流线进入 **Streams | FEED2 | Input | Mixed** 页面输入进料信息，如图 6-12 所示。

步骤 6：输入 Flash3 模块信息。Flash3 的模型参数有 3 组：闪蒸规定、关键组分和雾沫夹带。

单击 **Next** 按钮或双击 **FLASH3** 模块进入 **Blocks | FLASH3 | Input | Specifications** 页面设置模块操作参数，本题为绝热下闪蒸到 0.11MPa，闪蒸类型选择压力和热负荷，如图 6-13 所示。

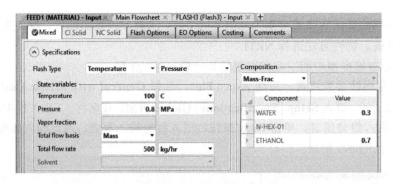

图 6-11　输入 FEED1 信息

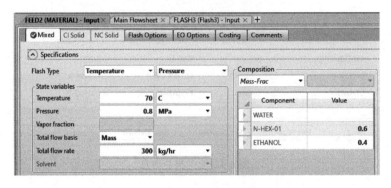

图 6-12　输入 FEED2 信息

进入 **Blocks | FLASH3 | Input | Key Components** 页面设置关键组分。指定关键组分后，关键组分摩尔分数大的液相作为第二液相，如未指定关键组分，则密度大的液相作为第二液相。本题正己烷为关键组分，即正己烷摩尔分数大的液相为第二液相，如图 6-14 所示。

进入 **Blocks | FLASH3 | Input | Entrainment** 页面分别设定两个液相被夹带入气相中的分率，如图 6-15 所示。

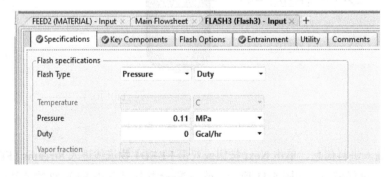

图 6-13　设置 Flash3 模块闪蒸规定参数

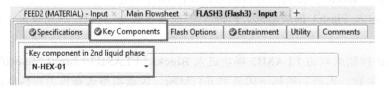

图 6-14　设置 Flash3 模块关键组分

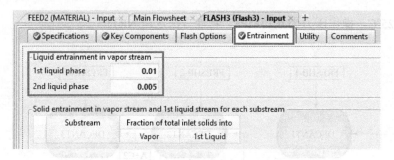

图 6-15　设置 Flash3 模块雾沫夹带量

步骤 7：运行流程和查看结果。单击 **Next** 或 **Run** 按钮根据提示运行流程，运行无错误和警告。进入 **Blocks | FLASH3 | Results | Summary** 页面查看离开闪蒸器的物料出口温度为58.53℃。进入 **Blocks | FLASH 3 | Stream Results | Material** 页面查看气、液、液三相的质量流量和组成，如图 6-16 所示。

	Units	LIQUID1 ▾	LIQUID2 ▾	VAPOR ▾
− **Mass Flows**	kg/hr	604.426	17.4961	178.078
WATER	kg/hr	142.905	0.0168946	7.07795
N-HEX-01	kg/hr	25.2541	16.7714	137.974
ETHANOL	kg/hr	436.266	0.707742	33.0259
− **Mass Fractions**				
WATER		0.236431	0.000965625	0.0397463
N-HEX-01		0.0417821	0.958583	0.774797
ETHANOL		0.721787	0.0404515	0.185457
Volume Flow	cum/hr	0.760686	0.0276686	63.4606

图 6-16　出料流量和组成

6.3　倾析器

倾析器（Decanter）模块可以处理给定热力学条件下的液-液平衡或液-游离水平衡计算，输出两股液相产物，可用于模拟液-液分离器、水倾析器等。倾析器可以用来模拟分批连续萃取，如图 6-17 所示。将 A 溶剂中含有的 C 组分萃取出来，可以先将物料放入第一个倾析器中，然后加入与 A 不互溶、对 C 具有良好溶解性的 B 溶剂，溶液静置分成两个液相。将达到平衡的 B 溶剂分离出，然后使物料进入下一级倾析器，加入新鲜的溶剂 B，依次通过多级倾析器达到萃取要求，得到较纯的溶剂 C。下面以例 6-3 介绍 Decanter 模块的主要用法。

例 6-3　用水从乙醇和正己烷混合溶液中萃取乙醇，已知混合溶液的流量为 1000kg/h，压力为 0.15MPa，温度为 25℃，乙醇和正己烷的质量分数为 30% 和 70%，水的压力和温度与混合溶液相同，要求乙醇的萃取率达到 98%，求水的流量和萃取相与萃余相的组成。倾析器操作温度为 25℃，操作压力为 0.15MPa，物性方法选用 NRTL。

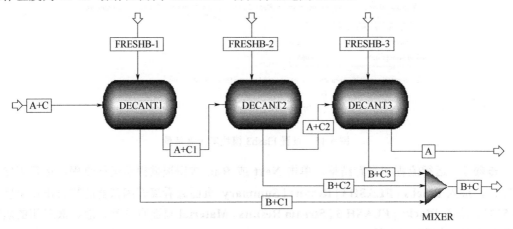

图 6-17　倾析器模拟连续萃取过程

解：用分离器类型中的倾析器模块"Decanter"计算。

步骤 1：全局性参数设置。启动 Aspen Plus，选择 **General with Metric Units**，文件保存为 Example 6.3.apw。进入 **Setup | Specifications | Global** 页面，在名称（Title）框中输入 Decanter。

步骤 2：输入组分信息。单击 **Next** 按钮，进入组分输入页面，通过输入名称或查找分子式添加组分，如图 6-18 所示。

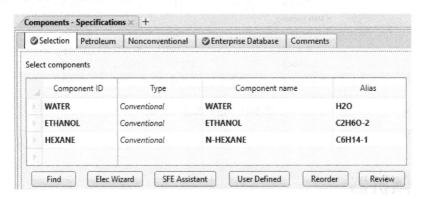

图 6-18　输入组分信息

步骤 3：选择物性方法。单击 **Next** 按钮，选择物性方法，选用 NRTL。

步骤 4：建立流程。单击 **Next** 按钮，进入模拟页面，绘制流程图，如图 6-19 所示。

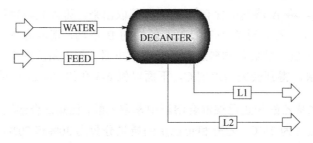

图 6-19　倾析器模拟流程

步骤 5：输入进料信息。单击 **Next** 按钮或双击 **FEED** 物流线进入 **Streams | FEED | Input | Mixed** 页面输入进料信息，如图 6-20 所示。由于本题要求计算乙醇的萃取率达到 98% 时水的用量，先假定水的流量为 100kg/h，后面需要通过设计规定计算。单击 **Next** 按钮或双击 **WATER** 物流线进入 **Streams | WATER | Input | Mixed** 页面输入萃取剂物料信息，如图 6-21 所示。

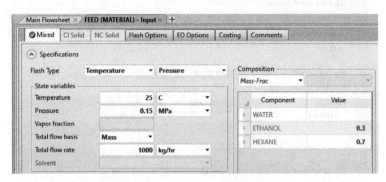

图 6-20　输入混合溶液物料信息

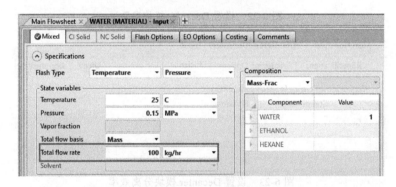

图 6-21　输入萃取剂物料信息

步骤 6：输入 Decanter 模块信息。Decanter 的模型参数有 3 组：倾析规定、关键组分和分离效率。

单击 **Next** 按钮或双击 **DECANTER** 模块进入 **Blocks | DECANTER | Input | Specifications** 页面设置操作温度和压力，选择正己烷为关键组分，如图 6-22 所示。指定关键组分后，关键组分摩尔分数大的液相作为第二液相。如未指定关键组分，则密度大的液相作为第二液相。进入 **Blocks | DECANTER | Input |Efficiency** 页面可以设置每个组分在两相中的分离效率（代表了相组成偏离平衡组成的程度），不设置表示分离达到平衡，本题不设置，如图 6-23 所示。

步骤 7：输入设计规定。从页面左侧目录进入 **Flowsheeting Options | Design Specs** 页面，点击 **New** 新建一个设计规定 DS-1。进入 **Flowsheeting Options | Design Specs | DS-1 | Input | Define** 页面分别定义变量进料 FEED 和出料水相 L1（通过关键组分定义已经确定水相为物流 L1）中乙醇的流量参数，如图 6-24 和图 6-25 所示。进入 **Flowsheeting Options | Design Specs| DS-1 | Input | Vary** 页面定义操作变量水的流量，如图 6-26 所示。

❖ **注意**：操作上限和下限可以宽一些，以防实际值不在范围内。

进入 **Flowsheeting Options | Design Specs | DS-1 | Input | Spec** 页面输入设计规定语句、目标值和容差，如图 6-27 所示。

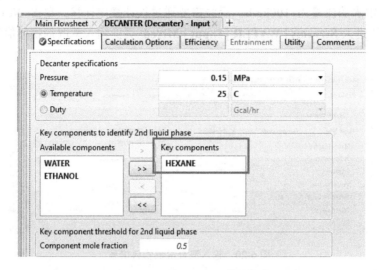

图 6-22　设置 Decanter 模块参数

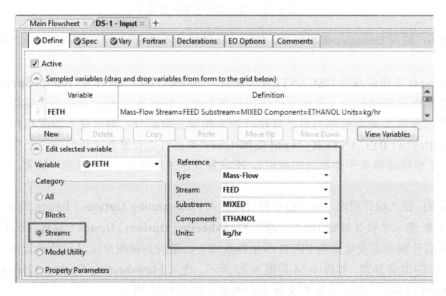

图 6-23　设置 Decanter 模块分离效率

图 6-24　定义进料中乙醇流量参数

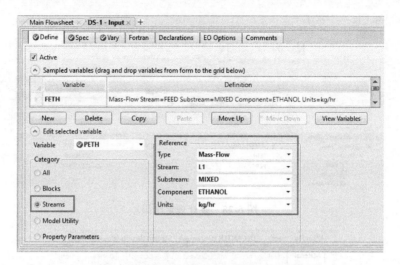

图 6-25　定义出料水相中乙醇流量参数

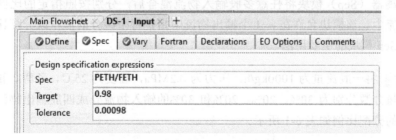

图 6-26　定义操作变量参数

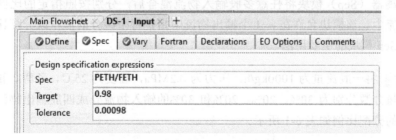

图 6-27　输入设计规定参数

步骤 8：运行流程和查看结果。单击 **Next** 或 **Run** 按钮根据提示运行流程，运行无错误和警告。进入 **Flowsheeting Options | Design Specs | DS-1 | Results** 页面可以看到实际用水流量为 1018.85kg/h，如图 6-28 所示。进入 **Blocks | DECANTER | Stream Results | Material** 页面查看萃取相和萃余相的组成，如图 6-29 所示。

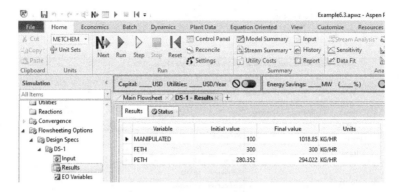

图 6-28　设计规定结果

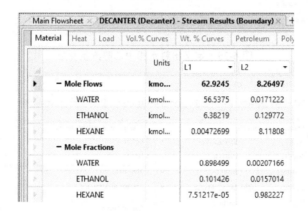

图 6-29　萃取相和萃余相组成

6.4　组分分离器

组分分离器（Sep）模块将任意多股输入物流混合后，分别按照指定的比例分配到任意多股输出物流中。该模块允许在 $n-1$ 个输出物流中指定每个组分的流量或分配比例。下面以例 6-4 介绍 Sep 模块的主要用法。

例 6-4　将一股流量为 1000kg/h，压力为 0.2MPa，温度为 25℃，乙醇、正丙醇、正丁醇和水的质量分数分别为 30%、20%、20% 和 30% 的输入物流分成四股输出物流，各组分在输出物流中的分配比例如表 6-1 所示。

表 6-1　Sep 模块输出物流中各组分的分配比例

组分	OUT1	OUT2	OUT3	OUT4
乙醇	0.96	0.02	0.01	0.01
正丙醇	0.01	0.95	0.02	0.02
正丁醇	0.01	0.05	0.92	0.02
水	0.01	0.02	0.03	0.94

各输出物流的压力和温度与进料相同，求输出物流的组成。物性方法选用 NRTL。

解：用分离器类型中的组分分离器"Sep"模块计算。

步骤 1：全局性参数设置。启动 Aspen Plus，选择 **General with Metric Units**，文件保存为 Example 6.4.apw。进入 **Setup | Specifications | Global** 页面，在名称（Title）框中输入 Sep。

步骤 2：输入组分信息。单击 **Next** 按钮，进入组分输入页面，通过输入名称或查找分子式添加组分，如图 6-30 所示。

图 6-30　输入组分信息

步骤 3：选择物性方法。单击 **Next** 按钮，选择物性方法，选用 NRTL。

步骤 4：建立流程。单击 **Next** 按钮，进入模拟页面，绘制流程图，如图 6-31 所示。

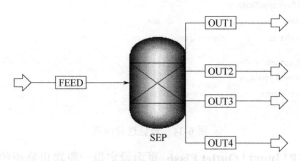

图 6-31　组分分离器模块模拟流程

步骤 5：输入进料信息。单击 **Next** 按钮或双击 **FEED** 物流线进入 **Streams | FEED | Input | Mixed** 页面输入进料信息，如图 6-32 所示。

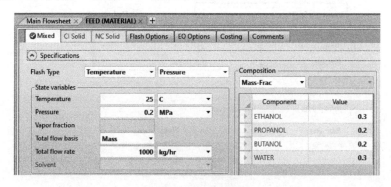

图 6-32　输入进料信息

步骤 6：输入 Sep 模块信息。Sep 模块的模型参数有 3 组：组分分离规定（Specifications）、进料闪蒸（Feed Flash）和出口闪蒸（Outlet Flash）。

单击 **Next** 按钮或双击 **SEP** 模块进入 **Blocks | SEP | Input | Specifications** 页面设置每个组分在 OUT1 物流中的分配比例，如图 6-33 所示。通过 Outlet stream 下拉选项设置各组分在 OUT2 和 OUT3 输出物流中的分配比例，OUT4 不需输入。

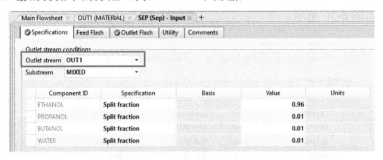

图 6-33　设置每个组分在 OUT1 物流中的分配比例

进入 **Blocks | SEP | Input | Feed Flash** 页面设定输入物流混合后的闪蒸压力和有效相态。本题选用默认值，混合后压力不变，如图 6-34 所示。

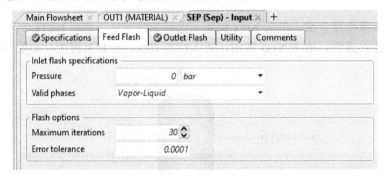

图 6-34　设置进料闪蒸

进入 **Blocks | SEP | Input | Outlet Flash** 页面设定每一股输出物流的闪蒸压力、温度、气相分率和有效相态，本题各出料物流温度和压力与进料相同，如图 6-35 所示。

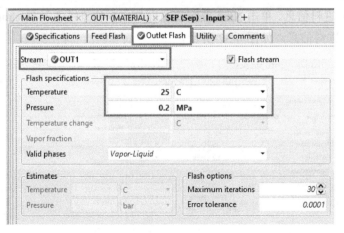

图 6-35　设置出料闪蒸

步骤 7：运行流程和查看结果。单击 **Next** 或 **Run** 按钮根据提示运行流程，运行无错误和警告。进入 **Blocks | SEP | Stream Results | Material** 页面查看出口物流的组成，如图 6-36 所示。

	Units	FEED	OUT1	OUT2	OUT3	OUT4
− Mass Flows	kg/hr	1000	295	212	200	293
ETHANOL	kg/hr	300	288	6	3	3
PROPANOL	kg/hr	200	2	190	4	4
BUTANOL	kg/hr	200	2	10	184	4
WATER	kg/hr	300	3	6	9	282
− Mass Fractions						
ETHANOL		0.3	0.976271	0.0283019	0.015	0.0102389
PROPANOL		0.2	0.00677966	0.896226	0.02	0.0136519
BUTANOL		0.2	0.00677966	0.0471698	0.92	0.0136519
WATER		0.3	0.0101695	0.0283019	0.045	0.962457
Volume Flow	cum/hr	1.15831	0.368482	0.261913	0.243404	0.297055

图 6-36　运行结果

6.5　两组分分离器

两组分分离器（Sep2）模块用来模拟一个简单的两产品分离器，如蒸馏或萃取过程，可以有多股输入物流，但仅输出两股物流，并把输入混合物中的各个组分分别按照指定的比例或浓度分配到输出物流中去。与 Sep 模块类似，当执行 Sep2 模块时，所有的进料物流都混合在一起，并计算出混合流量、组分和摩尔焓。与 Sep 模块相比，Sep2 模块在分离规定上提供了更大的灵活性，可以设定分配给各输出物流的流量（flow）/流量分数（split fraction）、各个组分的流量/流量分数以及摩尔分数/质量分数。下面以例 6-5 介绍 Sep2 模块的主要用法。

例 6-5　从一股流量为 1000kg/h，压力为 0.2MPa，温度为 30℃，乙醇、正丙醇和正丁醇的质量分数分别为 55%、25% 和 20% 的输入物流中回收乙醇，要求：乙醇浓度达到 96%，正丁醇含量不大于 1%，乙醇回收率达到 95%。求输出物流的组成和流量。物性方法采用 NRTL。

解：用分离器类型中的两组分分离器"Sep2"模块计算。

步骤 1：全局性参数设置。启动 Aspen Plus，选择 **General with Metric Units**，文件保存为 Example 6.5.apw。进入 **Setup | Specifications | Global** 页面，在名称（Title）框中输入 Sep2。

步骤 2：输入组分信息。单击 **Next** 按钮，进入组分输入页面，通过输入名称或查找分子式添加组分，如图 6-37 所示。

步骤 3：选择物性方法。单击 **Next** 按钮，选择物性方法，选用 NRTL。

步骤 4：建立流程。单击 **Next** 按钮，进入模拟页面，绘制流程图，如图 6-38 所示。

步骤 5：输入进料信息。单击 **Next** 按钮或双击 **F** 物流线进入 **Streams | F | Input | Mixed**

页面输入进料信息，如图 6-39 所示。

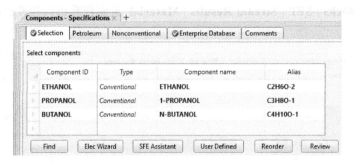

图 6-37　输入组分信息

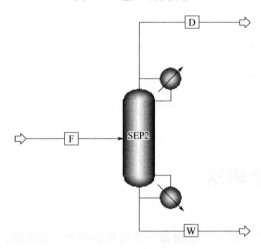

图 6-38　两组分分离器模块模拟流程

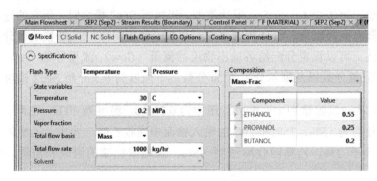

图 6-39　输入进料信息

步骤 6：输入 Sep2 模块信息。Sep2 模块的模型参数有 3 组：组分分离规定（Specifications）、进料闪蒸（Feed Flash）和出口闪蒸（Outlet Flash）。

单击 **Next** 按钮或双击 **SEP2** 模块进入 **Blocks | SEP2 | Input | Specifications** 页面设置塔顶物流 D 的分离规定，如图 6-40 所示。本题要求塔顶乙醇的浓度达到 96%，正丁醇的浓度低于 1%，乙醇的回收率达到 95%，因此设定乙醇在塔顶物流 D 中的分配比例为 0.95，乙醇和正丁醇的质量浓度分别为 0.96 和 0.01。进料和出口闪蒸采用默认设置，不做更改。

步骤 7：运行流程和查看结果。单击 **Next** 或 **Run** 按钮根据提示运行流程，运行无错误

和警告。进入 **Blocks | SEP 2 | Stream Results | Material** 页面查看出口物流的组成，如图 6-41 所示。

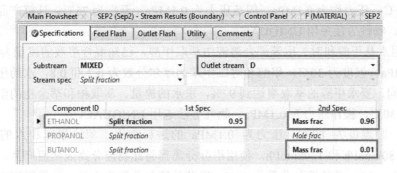

图 6-40　设置组分在塔顶物流中的分离规定

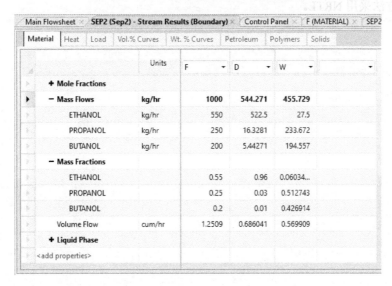

图 6-41　运行结果

习　题

6-1　流量为 50t/h 的甲醇合成反应器出口气体经冷却器降温至 40℃，进入闪蒸器 Flash2 在 4.3MPa 绝热闪蒸分离，分离出的粗甲醇送精馏工段，分离出的气体作为循环气。反应器 出口气体的组成如表 6-2 所示，压力 4.3MPa，计算分离出的粗甲醇和循环气体的组成。物性 方法选择 PENG-ROB。

表 6-2　反应器出口气体组成

组分	CO	CO_2	H_2	CH_3OH	H_2O	CH_4	N_2
摩尔分数/%	0.075	0.113	0.719	0.065	0.009	0.013	0.003

6-2　某厂两股进料进入三相闪蒸器进行一次闪蒸，进料 1 中甲醇和对二甲苯的流量分别为 10kmol/h 和 20kmol/h，进料 2 中水和甲醇的流量分别为 15kmol/h 和 5kmol/h，两股进料温度均为 40℃，压力均为 0.1MPa。闪蒸压力为 0.1MPa，温度为 75℃，计算产品中各组分的流量和组成。物性方法采用 UNIQUAC。

6-3　用水从甲醇和对二甲苯混合溶液中萃取甲醇，已知混合溶液的流量为 10kmol/h，压力为 0.1MPa，温度为 30℃，甲醇和对二甲苯的摩尔分数为 0.2 和 0.8，水的压力和温度与混合溶液相同，要求甲醇的萃取率达到 97%，求水的流量、萃取相和萃余相的组成。倾析器操作温度为 30℃，操作压力为 0.1MPa。物性方法选用 UNIQUAC。

6-4　一股温度为 80℃、压力为 0.1MPa 的进料物流，苯、甲苯和水的流量分别为 60kmol/h、180kmol/h 和 120kmol/h。使用组分分离器将此物流分离成两股产品，要求塔顶产品流量为 60kmol/h，苯的摩尔分数为 0.95，甲苯的摩尔分数为 0.03，计算塔底产品的流量与组成。物性方法采用 NRTL。

第7章

塔设备模拟与设计

Aspen Plus 提供了四种简捷法精馏计算模型（DSTWU、SCFrac、Distl 和 ConSep）、三种严格法计算模型（RadFrac、MultiFrac 和 PetroFrac）和一种严格法液液萃取模型（Extract），严格法计算模型中最基本的模型是 RadFrac，如图 7-1 所示。

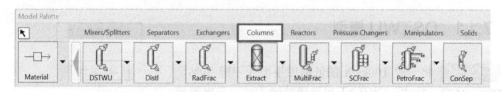

图 7-1　Aspen Plus 塔器模型

DSTWU 基于恒摩尔流和恒定相对挥发度假设，使用 Winn-Underwood-Gilliland 简捷法，应用于有一个进料、两个产品，带有一个部分冷凝器或全凝器、一个再沸器的典型精馏塔的设计计算。DSTWU 模型的设计规定为轻重关键组分在塔顶的回收率。在规定操作压力的条件下，DSTWU 可以估计回流比或理论级数（包括再沸器和冷凝器）的最小值，可以估算给定理论级数求回流比，也可以给定回流比求理论级数；同时，还能估算最佳进料位置、冷凝器和再沸器负荷，计算回流比和理论级数的对应关系，在给定填料层高度的条件下计算等板高度（HETP）。该模型适用于气液两相平衡系统，但冷凝器可以处理三相系统（气相、有机相和纯水相或者气相、有机相和污水相）。DSTWU 计算结果可以作为 RadFrac 严格法计算的初值。

Distl 是一个简捷的多组分蒸馏核算模型，该模型也是基于恒摩尔流和恒定相对挥发度假设，用 Edmister 方法把一个进料分离成两个产品，同样带有一个部分冷凝器或全凝器、一个再沸器的塔器。Distl 模型必须规定理论板数、回流比、塔顶产品摩尔流率与进料摩尔流率的比值，即"馏出物与进料摩尔比"。在规定操作压力的条件下，核算以上精馏塔能够完成的分离目标。该模型同样适用于气液两相平衡系统，但冷凝器可以处理三相系统（气相、有机相和纯水相或者气相、有机相和污水相）。

RadFrac 是一个严格的用于模拟所有类型的多级气-液分馏操作的基本模型，除了可以模拟普通精馏之外，还可以模拟吸收、吸收精馏、汽提、再沸汽提、萃取精馏、共沸精馏和反应精馏。该模型适用于两相系统、三相系统（仅适用于平衡模型）、窄沸程系统和宽沸程系统以及具有液相高度非理想性的系统。RadFrac 平衡模型可以检测和处理游离水相或塔中任何地方的其他第二液相，可以从冷凝器中析出游离水。RadFrac 可以在任意塔板处理固相及发生在两个液相中的化学反应，所以可以模拟反应精馏塔。

RadFrac 可以进行设计计算也可以进行核算计算。在设计模式下，RadFrac 可以规定温度、采出流率、纯度、回收率或塔中任意物流的物性。在核算模式下，依据已规定的塔参数例如回流比、产品流率和热负荷，RadFrac 可计算温度、流率和浓度分布。该模型中，可以规定组分或塔板效率。此外，RadFrac 具有广泛的设计和校核塔板及填料的水力学性能的能力。

其余的模型中，SCFrac 用于模拟炼油塔，例如原油单元和减压塔；MultiFrac 用于模拟一般的相互连接的多级分馏单元多塔系统；PetroFrac 用于模拟炼油工业中复杂的气液分馏塔，具体功能和应用详见 Aspen Plus 帮助手册，在此不做赘述。

7.1 精馏塔简捷法计算模型

7.1.1 DSTWU 模型

例 7-1 将一股 100kg/h 的低浓度甲醇 [甲醇 30%，水 70%，45℃，35kPa（表压）] 用普通精馏方法，分离得到塔顶质量分数≥99.9%的精甲醇，塔顶甲醇摩尔回收率≥99.9%，塔顶水摩尔回收率≤0.01%。操作参数为：冷凝器压力 20kPa（表压），再沸器压力 40kPa（表压），回流比为最小回流比的 1.2 倍。求精馏塔最小回流比、最小理论板数、实际回流比、实际板数、进料位置以及塔顶和塔底产品的温度、质量流率和组成，并生成回流比随理论板数变化的曲线。物性方法选择 NRTL。

解： 用 Aspen Plus 软件中的 DSTWU 模块进行设计型计算，计算步骤如图 7-2 所示。

步骤 1： 全局性参数设置。启动 Aspen Plus，选择 **Chemicals with Metric Units**，文件保存为 Example 7.1.apw。进入 **Properties | Setup | Specifications | Global** 页面，在 Title 选框中输入 DSTWU。

步骤 2： 输入组分信息。单击 **Next** 按钮，进入组分输入页面，在 Component ID 中输入 METHANOL 和 WATER。

步骤 3： 选择物性方法，进行物性分析。单击 **Next** 按钮，选择物性方法，选用 NRTL。

在工具栏右上角快捷方式启动 **Analysis | Binary**（见

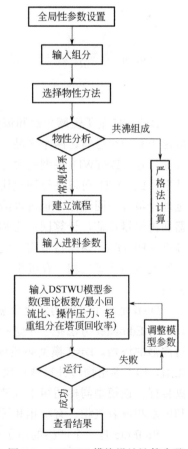

图 7-2 DSTWU 模块设计计算步骤

图 7-3），建立一个 BINRY-1 分析任务，在 **BINRY-1 | Binary Analysis** 输入相关参数，该表单可以选择的 Analysis type 有 Txy、Pxy、Txx、Txxy、Pxxy 和 Gibbs energy of mixing，根据本例题需要，分别选择 Txy 和 Pxy，确认 Binary Analysis 表单及计算选项之后，点击 **Run Analysis** 运行分析（见图 7-4）。

图 7-3　二元体系物性分析模块及计算选项

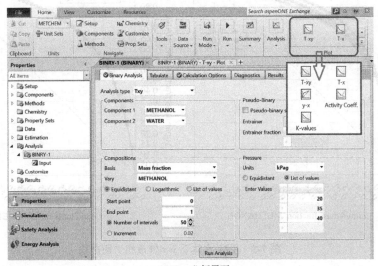

(a) *T-xy* 分析界面

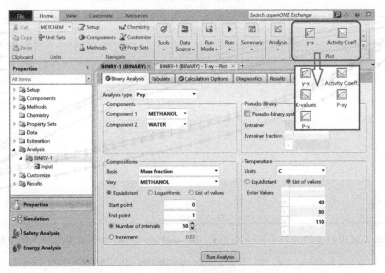

(b) *P-xy* 分析界面

图 7-4　二元体系物性分析模块

分析之后可以分别得到 *T-xy* 和 *P-xy* 相图，同时在快捷方式栏的右上角 Analysis 右侧 Plot 选项卡中出现 *y-x* 曲线及其他相应曲线绘图标识（见图 7-4）。由图 7-5 可以看出，甲醇/水体系的气液平衡在操作温度和压力范围内受压力影响不大，并且 *y-x* 图中平衡线远离对角线，适合用于普通精馏，可以用 DSTWU 进行简捷法计算。甲醇/水体系的 *T-xy* 和 *P-xy* 相图见图 7-6 和图 7-7。

单击 **Next** 按钮，系统提示运行物性分析，运行结束后如果正常，则系统提示物性分析和设置成功。

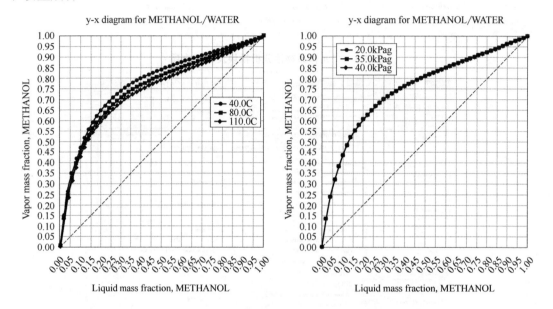

图 7-5　甲醇/水体系 *y-x* 气液相平衡曲线

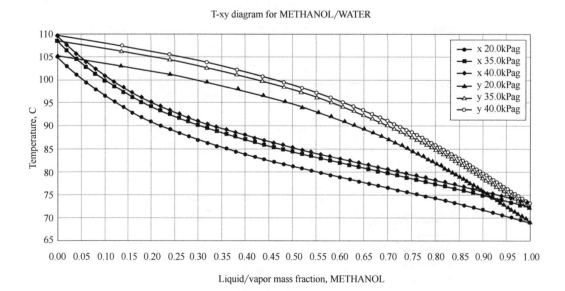

图 7-6　甲醇/水体系 *T-xy* 相图

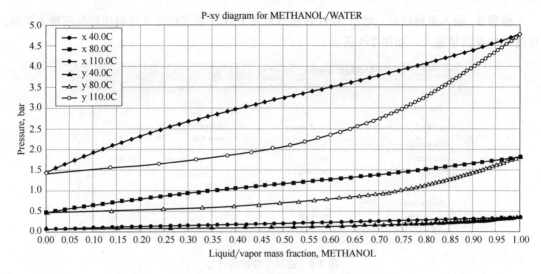

图 7-7　甲醇/水体系 *P-xy* 相图

❖ **注意：**

①由于 DSTWU 对于含有共沸物、宽沸程、相对挥发度变化较大的强非理想物系的计算结果误差较大，所以在使用之前需确认一下待分离物系的气液相平衡关系。

②本例题是甲醇/水二元体系，且在略高于常压下操作，NRTL 方法精度满足要求，一旦加压精馏，气相已经偏离理想状态，使用 NRTL-RK 方程精度更好。

③对于多组分体系，可以分析剩余曲线（residue curves）和三元相图（ternary diagram），并分析有无共沸物，评价是否可以用 DSTWU 模型计算。如果存在共沸物体系，进料组成与产品组成跨过共沸点，可以在共沸点两侧分别用两个塔进行普通精馏，或者结合 *P-xy* 结果考虑双塔变压精馏。

④通过分析甲醇/水体系的 *T-xy* 相图（图 7-6），估算进料板压力接近 35kPa（表压）。CH_4O 进料质量分数为 0.3，进料板的泡点进料温度约为 88℃，所以本例题为过冷液体进料，塔釜加热蒸汽热消耗会增加，操作费用稍高。有关进料热状态参数 *q* 的选择及调整请参考化工原理相关理论知识，本例题不做详细讨论。如需调整进料状态可以设置一个预热器提高进料温度，或者调整到饱和液体进料。

步骤 4：建立流程。进入模拟（Simulation）界面，在主界面（Main Flowsheet）绘制流程图，如图 7-8 所示。

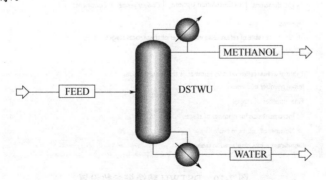

图 7-8　DSTWU 简捷法计算甲醇/水精馏工艺流程图

步骤 5：输入进料信息。单击 **Next** 按钮或双击 **FEED** 物流线进入进料甲醇物流输入页面，将进料物流信息输入，如图 7-9 所示。

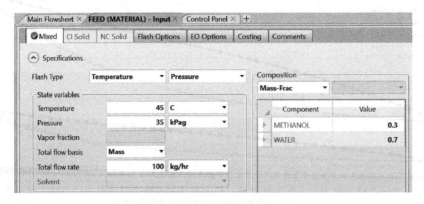

图 7-9　进料甲醇物流信息

步骤 6：DSTWU 模块参数设置。单击 **Next** 按钮或者双击 **DSTWU** 模块，进入参数设置表单。在 **Blocks | DSTWU | Input | Specifications** 和 **Blocks | DSTWU | Input | Calculation Options** 页面输入参数，在"生成回流比和理论板数关系表（Generate table of reflux ratio vs number of theoretical stages）"选项前勾选即可得到相关数据表，可以根据需要设置数据的个数（Number of values in table），如图 7-10 所示。

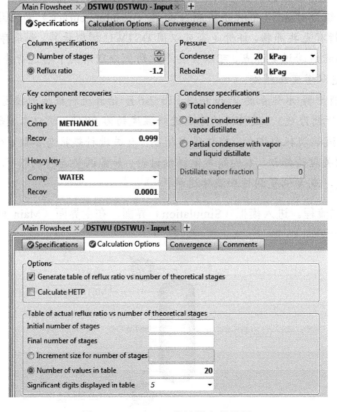

图 7-10　DSTWU 精馏塔参数设置

❖ **注意：**

① 塔设置（Column specifications）表单中，回流比和板数只能选填 1 项。板数（Number of stages）输入的是实际板数。回流比（Reflux ratio）输入正值为实际回流比，负值为实际回流比与最小回流比的比值。通常实际板数凭经验难以确定，所以输入最小回流比倍数较为普遍。

② 关键组分回收率（Key component recoveries）均指在塔顶馏出物中的摩尔回收率。多元混合物体系中如果没有给定轻重关键组分的回收率，可以根据塔顶和塔底采出产品组成的设计规定，通过总物料衡算和组分物料衡算计算结果输入。

③ 压力（Pressure）表单输入的是冷凝器和再沸器的操作压力。如果没有给定塔的操作压力，可以根据化工原理知识确定。例如，考虑到冷却介质的能耗及成本费用，最好能选择水冷，操作温度 40℃ 以上为宜，结合物性分析和产品组成，根据露点计算确定塔顶操作压力，根据常用塔板形式和填料种类的板压降经验值，结合水力学计算确定全塔压降，进而确定塔釜操作压力。再如，对于热敏性物质，操作温度不能过高，可以根据釜液组成，通过泡点计算确定塔釜操作压力，进而确定塔顶操作压力。

④ 冷凝器设置（Condenser specifications）表单中，根据需要，可以选全凝器（Total condenser），塔顶仅采出气相、液相全回流的分凝器（Partial condenser with all vapor distillate），塔顶气液两相采出的分凝器（Partial condenser with vapor and liquid distillate）。

⑤ 轻重组分的回收率输入摩尔回收率，即某组分在塔顶采出物流与进料物流中的摩尔流率比值。

步骤 7：运行流程。单击 **Next** 按钮，弹出 Required Input Complete 对话框，提示用户必要信息输入完成，点击 **OK**，运行模拟。从弹出来的控制面板可以看出，模拟计算完成，查看是否存在警告和错误。如果模拟存在警告和错误，在控制面板查看原因并进行修改，修改完成后，建议先点击重置 **Reset** 按钮，然后再点击运行 **Run** 按钮重新运行。

❖ **注意：**大多数情况下，错误的原因是收率设置错误或者产品纯度要求过高。

步骤 8：查看计算结果。从左侧导航栏进入 **Blocks | DSTWU | Results | Summary** 页面，查看运行结果（图 7-11）。可见最小回流比为 1.31927，最小理论板数为 12.8862，采出比（塔顶采出与进料摩尔流率比值，D/F）为 0.194058，实际回流比为 1.58313，实际板数为 27，对应的进料位置为 21，精馏塔的塔顶、塔釜温度分别为 69.1912℃ 和 109.574℃。

最小回流比	Minimum reflux ratio	1.31927	
实际回流比	Actual reflux ratio	1.58313	
最小理论板数	Minimum number of stages	12.8862	
实际板数	Number of actual stages	26.6121	
进料位置(板数)	Feed stage	20.4281	
进料位置以上实际理论板数	Number of actual stages above feed	19.4281	
再沸器热负荷	Reboiler heating required	0.0261128	Gcal/hr
冷凝器热负荷	Condenser cooling required	0.0202328	Gcal/hr
塔顶温度	Distillate temperature	69.1912	C
塔釜温度	Bottom temperature	109.574	C
塔顶采出与进料摩尔流率比值	Distillate to feed fraction	0.194058	
等板高度	HETP		

图 7-11　DSTWU 精馏塔模拟结果摘要

在 **Blocks | DSTWU | Results | Reflux Ratio Profile** 页面查看回流比和理论板数关系数据列表，同时工具栏右上角出现绘图功能区（Plot），点击用户定义（Custom）界面，选择横纵坐标内容（图 7-12），设置完成后点击 **OK** 完成曲线绘制。绘图结果如图 7-13 所示，可以看出，实际板数 26.61 正处在理论板数-回流比曲线的拐点处。此时，接近最优化的理论板数和回流比匹配，再增加理论板数，对回流比的影响不大，可以看作是对理论板数和回流比的一次优化。

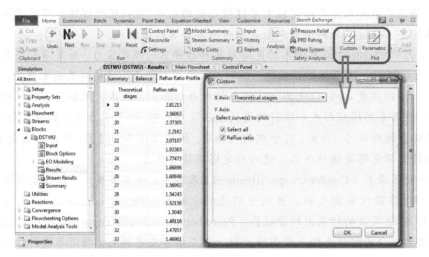

图 7-12   回流比和理论板数关系数据列表及绘图功能区

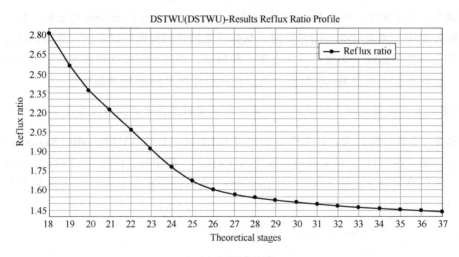

图 7-13   回流比和理论板数关系

然后，进入 **Blocks | DSTWU | Stream Results** 页面，可以查看各物流结果（点击分项目左侧"+"可以展开具体结果），如图 7-14 所示。从物流结果中可看到精馏塔进出口物流各组分的流率、组成和多种物性。其中，塔顶精甲醇质量流率为 29.977kg/h，甲醇质量分数为 0.999766，摩尔回收率为 99.9%，均满足分离要求。塔釜废水质量流率为 70.023kg/h，水质量分数为 0.999572。

❖ **注意**：塔顶采出比（Distillate to feed fraction）为摩尔比。

7.1.2 Distl 模型

例7-2 根据例 7-1 的设计结果，核算操作参数条件下，100kg/h 的低浓度甲醇［甲醇 30%，水 70%，45℃，35kPa（表压）］用普通精馏方法分离的效果。物性方法选择 NRTL。

解：用 Aspen Plus 软件中的 Distl 模块进行操作型计算，计算步骤如图 7-15 所示。

	Units	FEED ▾	METHANOL ▾	WATER ▾
Description				
From			DSTWU	DSTWU
To		DSTWU		
Stream Class		CONVEN	CONVEN	CONVEN
Maximum Relative Error				
Cost Flow	$/hr			
− MIXED Substream				
Phase		Liquid Phase	Liquid Phase	Liquid Phase
Temperature	C	45	69.1912	109.574
Pressure	bar	1.36325	1.21325	1.41325
Molar Vapor Fraction		0	0	0
Molar Liquid Fraction		1	1	1
Molar Solid Fraction		0	0	0
Mass Vapor Fraction		0	0	0
Mass Liquid Fraction		1	1	1
Mass Solid Fraction		0	0	0
Molar Enthalpy	kcal/mol	-65.8013	-55.8702	-66.6795
Mass Enthalpy	kcal/kg	-3172.85	-1743.96	-3700.58
Molar Entropy	cal/mol-K	-40.9027	-54.178	-34.3574
Mass Entropy	cal/gm-K	-1.97227	-1.69114	-1.90677
Molar Density	mol/cc	0.0432926	0.0230364	0.0503895
Mass Density	kg/cum	897.841	738.002	907.951
Enthalpy Flow	Gcal/hr	-0.317285	-0.0522788	-0.259126
Average MW		20.7389	32.0363	18.0187
+ Mole Flows	kmol/hr	4.82186	0.935719	3.88614
− Mole Fractions				
METHANOL		0.194171	0.999585	0.000240925
WATER		0.805829	0.000415252	0.999759
+ Mass Flows	kg/hr	100	29.977	70.023
− Mass Fractions				
METHANOL		0.3	0.999766	0.000428431
WATER		0.7	0.000233512	0.999572
Volume Flow	cum/hr	0.111378	0.0406191	0.077122

图 7-14　DSTWU 物流模拟结果

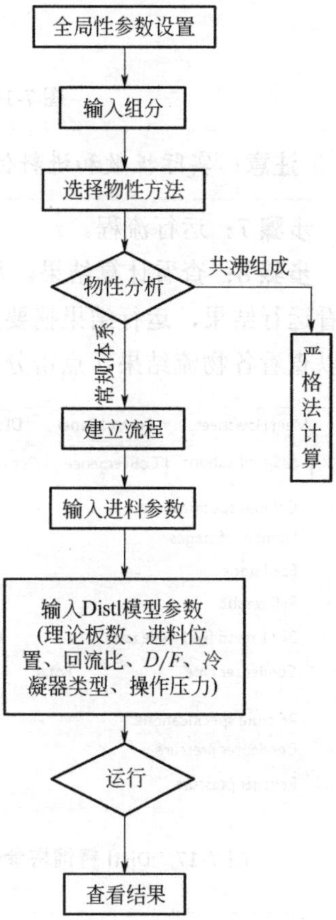

图 7-15　Distl 模块核算计算步骤

步骤 1：全局性参数设置。启动 Aspen Plus，选择 **Chemicals with Metric Units**，文件保存为 Example 7.2.apw。进入 **Properties | Setup | Specifications | Global** 页面，在 Title 选框中输入 Distl。

步骤 2 和步骤 3：与例 7-1 的操作过程相同。

步骤 4：建立流程。转到模拟（Simulation）界面，在主界面（Main Flowsheet）绘制流程图，如图 7-16 所示。

步骤 5：输入进料信息。与例 7-1 的操作过程相同。

步骤 6：Distl 参数设置。单击 **Next** 按钮或者双击 **DISTL** 模块，进入参数设置表单。在 **Blocks | DISTL | Input | Specifications** 页面输入参数（例 7-1 的简捷法精馏设计结果），输入

结果如图 7-17 所示。

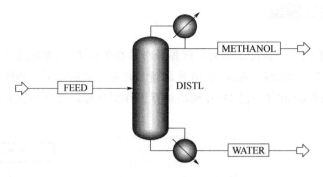

图 7-16　Distl 简捷法计算甲醇/水精馏工艺流程图

> ❖ **注意**：实际板数和进料位置需要向上圆整之后输入。

步骤 7：运行流程。

步骤 8：查看计算结果。从左侧导航栏进入 **Blocks | DISTL | Results | Summary** 页面，查看运行结果，运行结果摘要如图 7-18 所示；进入 **Blocks | DISTL | Stream Results** 页面，可以查看各物流结果（点击分项目左侧"+"可以展开细目），如图 7-19 所示。

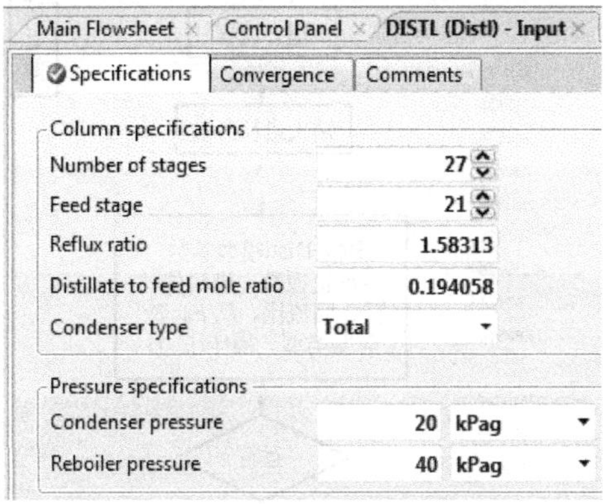

图 7-17　Distl 精馏塔参数设置 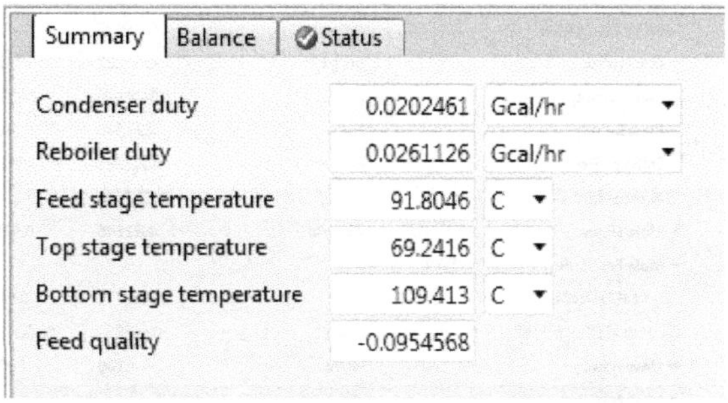　　　　　图 7-18　Distl 精馏塔运行结果摘要

> ❖ **注意**：
> ① 由于实际板数和进料板位置是圆整过的塔板数，并且模型计算方法不同，所以 Distl 和 DSTWU 计算结果存在一定的差异。
> ② 结果中的进料质量（Feed quality）表示进料热状态，此时，负数表示过冷液体进料，0 为饱和液体进料，0 到 1 之间的数值为气液混合物进料，1 为饱和蒸汽进料。由图 7-18 也可以看出，进料甲醇溶液的温度是低于进料板泡点温度的。而且，Distl 模型中气液两相进料会导致进料位置以下无气相流率而出错，例如本例题中物流组成不变，当进料压力为 35.5 kPa（表压，进料板压力），饱和液体进料时进料质量为 7.93×10^{-5}，接近 0；变成气相摩尔分数 0.2，此时进料质量为 0.200067359，其他情况读者可以自行验证。此处，进料质量与精馏原理中的进料热状况参数 q 不是完全相同的概念。

	Units	FEED ▼	METHANOL ▼	WATER ▼
Description				
From			DISTL	DISTL
To		DISTL		
Stream Class		CONVEN	CONVEN	CONVEN
Maximum Relative Error				
Cost Flow	$/hr			
− MIXED Substream				
Phase		Liquid Phase	Liquid Phase	Liquid Phase
Temperature	C	45	69.2416	109.413
Pressure	bar	1.36325	1.21325	1.41325
Molar Vapor Fraction		0	0	0
Molar Liquid Fraction		1	1	1
Molar Solid Fraction		0	0	0
Mass Vapor Fraction		0	0	0
Mass Liquid Fraction		1	1	1
Mass Solid Fraction		0	0	0
Molar Enthalpy	kcal/mol	-65.8013	-55.9081	-66.6739
Mass Enthalpy	kcal/kg	-3172.85	-1747.66	-3697.99
Molar Entropy	cal/mol-K	-40.9027	-54.0812	-34.3702
Mass Entropy	cal/gm-K	-1.97227	-1.69055	-1.90631
Molar Density	mol/cc	0.0432926	0.0230756	0.0503451
Mass Density	kg/cum	897.841	738.193	907.709
Enthalpy Flow	Gcal/hr	-0.317285	-0.0523142	-0.259104
Average MW		20.7389	31.9902	18.0298
+ Mole Flows	**kmol/hr**	**4.82186**	**0.935719**	**3.88614**
− Mole Fractions				
METHANOL		0.194171	0.996298	0.00103232
WATER		0.805829	0.00370198	0.998968
+ Mass Flows	**kg/hr**	**100**	**29.9339**	**70.0661**
− Mass Fractions				
METHANOL		0.3	0.997915	0.00183461
WATER		0.7	0.00208477	0.998165
Volume Flow	cum/hr	0.111378	0.0405502	0.0771901

图 7-19　Distl 物流运行结果

7.2　精馏塔严格法计算模型

RadFrac 严格法计算模型可以选择单股进料或者多股进料，塔顶采出液相产品物流必须连接，塔顶气相产品根据需要确定是否连接，塔底采出液相产品物流必须连接，侧线采出产品为可选项，虚拟物流（pseudo stream）为可选项。同时，RadFrac 可以连接能量流，用以设置冷凝器和再沸器的热负荷以及精馏塔塔板输入和输出的热量。RadFrac 严格法计算模型物流和热量流连接见图 7-20。

其中，虚拟物流用以直观表示塔内物流信息（例如塔内物流和中段循环物流），物流报告中显示虚拟物流，但是不影响模块的质量和能量平衡计算与结果。更详细的说明请参考 Aspen 用户手册。

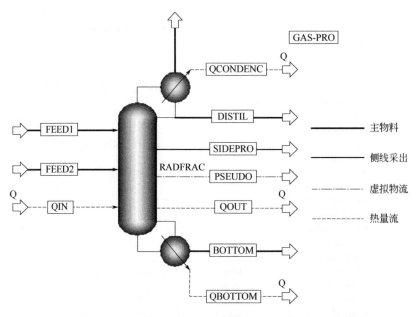

图 7-20 RadFrac 严格法计算模型物流和热量流连接图

7.2.1 RadFrac 核算模式

RadFrac 严格法计算模型进行常规的气液两相分离计算时，需要设置以下内容：①有效相态，如气-液、气-液-自由水冷凝器或者气-液-污水冷凝器；②全凝器、过冷器或者带有气相采出的部分冷凝器；③两个操作变量（见表 7-1）。

如果回流或者冷凝器需要过冷，还需要设置过冷度或过冷温度。

表 7-1 操作变量说明

操作变量	说明
塔顶采出流率	指定物质的量、质量或者标准液体体积基准的塔顶采出流率。如果有效相态选择 Vapor-Liquid-Free Water Condenser，塔顶采出流率不包括自由水流率。如果有效相态选择 Vapor-Liquid-Free Water Any Stage，塔顶采出流率包括自由水流率
塔釜采出流率	指定物质的量、质量或者标准液体体积基准的塔釜采出流率。RadFrac 假定有塔釜液态产品，当确定没有塔釜液态产品时，则将塔釜采出流率设为零
回流比	指定液相回流与采出的流率比值
回流流率	指定冷凝液相回流的流率。如果有效相态选择 Vapor-Liquid-Free Water Condenser，液相回流流率不包括自由水。如果有效相态选择 Vapor-Liquid-Free Water Any Stage，液相回流流率包括自由水
上升蒸汽流率	指定由再沸器或者塔釜级（bottom stage）上升蒸汽的流率
上升蒸汽比	指定由再沸器或者塔釜级（bottom stage）上升蒸汽的流率与塔釜采出产品流率比值
塔顶馏出物与进料比	比值定义为塔顶产品摩尔流率与所有进料流股摩尔流率之和的比值
塔釜采出物与进料比	比值定义为塔釜产品摩尔流率与所有进料流股摩尔流率之和的比值
冷凝器负荷	指定冷凝器负荷，负值表示冷却，正值表示加热。可以选择冷凝器负荷作为设计规范，在塔顶输入一个热量流来指定冷凝器负荷，但需要将设定值留空。也可以通过在 Block | Column | Heaters Coolers | Utility Exchangers sheet 设置一个塔顶公用工程换热单元作为冷凝器。如果选择 "Condenser Type = None"，热负荷设为 0

操作变量	说明
再沸器负荷	指定最后一块塔板热负荷，负值表示冷却，正值表示加热。可以选择再沸器负荷作为设计规范，在塔釜输入一个热量流来指定再沸器负荷，但需要将设定值留空。也可以通过在 Block | Column | Heaters Coolers | Utility Exchangers sheet 设置一个塔釜公用工程换热单元作为再沸器。如果选择 "Reboiler Type = None"，热负荷设为 0

例 7-3 利用 RadFrac 对例 7-1 简捷法精馏设计的粗甲醇精馏塔进行核算，进料条件、分离要求和操作条件不变。求精馏塔塔顶和塔底产品的温度、质量流率和组成。物性方法选择 NRTL。

解：用 Aspen Plus 软件中的 RadFrac 模块进行核算型计算，计算步骤如图 7-21 所示。

步骤 1：全局性参数设置。启动 Aspen Plus，选择 **Chemicals with Metric Units**，文件保存为 Example 7.3.apw。进入 **Properties | Setup | Specifications | Global** 页面，在 Title 选框中输入 RadFrac。

步骤 2 和步骤 3：与例 7-1 的操作过程相同。

步骤 4：建立流程。转到模拟（Simulation）界面，在主界面（Main Flowsheet）绘制流程图，如图 7-22 所示。

步骤 5：输入进料信息。与例 7-1 的操作过程相同。

步骤 6：RadFrac 参数设置。单击 **Next** 按钮或者双击 **RadFrac** 模块，进入参数设置表单。进入 **Blocks | RADFRAC | Specifications | Setup | Configuration** 页面输入参数，采用平衡分离计算模式，27 块理论板，塔顶设全凝器，塔底采用釜式再沸器，有效相态为 Vapor-Liquid，收敛单元采用标准方法，操作变量选择 D/F 和回流比，数值采用 DSTWU 计算值，回流比为

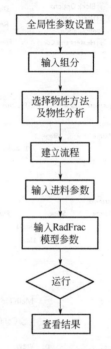

图 7-21　RadFrac 模块进行核算型计算步骤

（框图文字：全局性参数设置 → 输入组分 → 选择物性方法及物性分析 → 建立流程 → 输入进料参数 → 输入 RadFrac 模型参数 → 运行 → 查看结果）

1.58313，D/F 为 0.194058，如图 7-23 所示。进入 **Blocks | RADFRAC | Specifications | Setup | Streams** 页面输入进料板 21，塔顶（DISTIL）第 1 块板液相采出，塔底（BOTTOM）第 27 块板液相采出，如图 7-24 所示。进入 **Blocks | RADFRAC | Specifications | Setup | Pressure** 页面按塔顶/塔底模式（Top/Bottom）设置，塔板 1/冷凝器压力（Stage1/Condenser pressure）设定 20kPa（表压），全塔压降（Column pressure drop）设定 20kPa，如图 7-25 所示。冷凝器和再沸器页面默认。

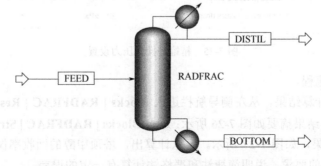

图 7-22　RadFrac 严格法计算粗甲醇精馏工艺流程图

（流程图标签：FEED、RADFRAC、DISTIL、BOTTOM）

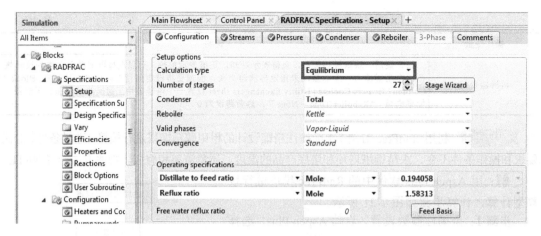

图 7-23　RadFrac 模块配置参数

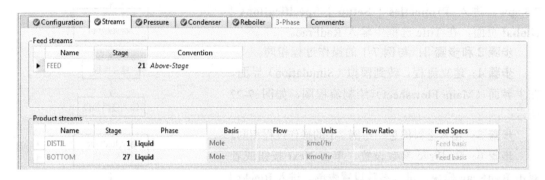

图 7-24　精馏塔进出物料位置设置

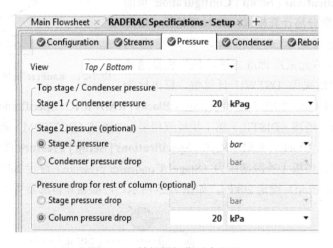

图 7-25　精馏塔操作压力设置

步骤 7：运行流程。

步骤 8：查看计算结果。从左侧导航栏进入 **Blocks | RADFRAC | Results | Summary** 页面，查看运行结果，结果摘要如图 7-26 所示；进入 **Blocks | RADFRAC | Stream Results** 页面，可以查看各物流结果，如图 7-27 所示。可以计算出，塔顶甲醇的回收率仅为 0.99868，达不到简捷法中 0.9990 的要求，说明简捷法和严格法计算有一定的误差。

可以在 Blocks |
RADFRAC | Analysis | Report 页面 ... Hydraulic parameters
[图 7-30] ... Blocks | RADFRAC
| Profiles | Hydraulics ...

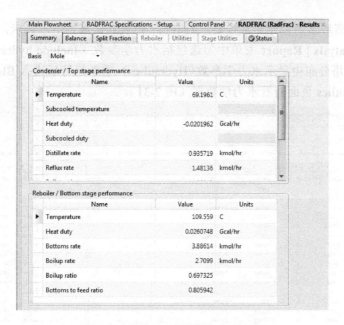

图 7-26　RadFrac 模块模拟结果摘要

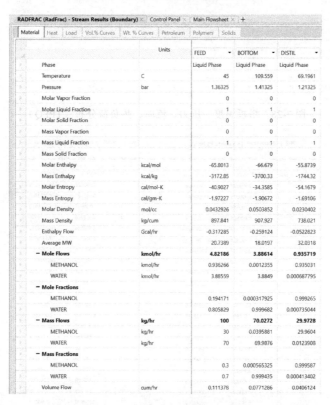

图 7-27　RadFrac 物流模拟结果

　　塔板参数分布情况对于分离塔器非常重要，Aspen Plus 提供了详细的表单，从左侧导航栏进入 **Blocks | RADFRAC | Profiles** 页面可以查看。TPFQ 提供了塔板温度、压力、流率、热负荷分布（图 7-28），组成（Compositions）提供了塔板气液两相组成分布（图 7-29）。水

力学数据对于分离塔器的设计非常重要，RadFrac 模块默认报告中不显示，可以在 **Blocks | RADFRAC | Analysis | Report** 表单中勾选包括水力学参数（Include hydraulic parameters）（图 7-30）设置在塔分布中显示水力学参数（Hydraulics）。重新运行后进入 **Blocks | RADFRAC | Profiles | Hydraulics** 页面查看水力学数据（图 7-31）。

Stage	Temperature C	Pressure bar	Heat duty Gcal/hr	Liquid from (Mole) kmol/hr	Vapor from (Mole) kmol/hr	Liquid feed (Mole) kmol/hr	Vapor feed (Mole) kmol/hr	Mixed feed (Mole) kmol/hr	Liquid product (Mole) kmol/hr	Vapor product (Mole) kmol/hr	Liquid enthalpy kcal/mol	Vapor enthalpy kcal/mol	Liquid flow (Mole) kmol/hr	Vapor flow (Mole) kmol/hr
1	69.1961	1.21325	-0.0201962	2.41708			0	0	0.935719	0	-55.8739	-47.5161	1.48136	0
2	69.3777	1.22094	0	1.48125	2.41708	0	0	0	0	0	-55.8813	-47.5183	1.48125	2.41708
3	69.566	1.22863	0	1.48097	2.41697	0	0	0	0	0	-55.8943	-47.5224	1.48097	2.41697
4	69.7644	1.23633	0	1.48043	2.41669	0	0	0	0	0	-55.9155	-47.5294	1.48043	2.41669
5	69.9779	1.24402	0	1.47951	2.41614	0	0	0	0	0	-55.9486	-47.5405	1.47951	2.41614
6	70.2141	1.25171	0	1.47805	2.41523	0	0	0	0	0	-55.9993	-47.5577	1.47805	2.41523
7	70.4839	1.2594	0	1.4758	2.41377	0	0	0	0	0	-56.0754	-47.5836	1.4758	2.41377
8	70.8029	1.2671	0	1.47242	2.41152	0	0	0	0	0	-56.1885	-47.6223	1.47242	2.41152
9	71.1944	1.27479	0	1.4674	2.40813	0	0	0	0	0	-56.3552	-47.6796	1.4674	2.40813
10	71.692	1.28248	0	1.46005	2.40311	0	0	0	0	0	-56.5992	-47.7635	1.46005	2.40311
11	72.3448	1.29017	0	1.44943	2.39577	0	0	0	0	0	-56.954	-47.8859	1.44943	2.39577
12	73.2239	1.29787	0	1.43433	2.38515	0	0	0	0	0	-57.4659	-48.0627	1.43433	2.38515
13	74.4318	1.30556	0	1.41331	2.37005	0	0	0	0	0	-58.1951	-48.3157	1.41331	2.37005
14	76.1113	1.31325	0	1.38545	2.34903	0	0	0	0	0	-59.2073	-48.6725	1.38545	2.34903
15	78.4206	1.32094	0	1.35052	2.32117	0	0	0	0	0	-60.5463	-49.1616	1.35052	2.32117
16	81.4756	1.32863	0	1.31372	2.28624	0	0	0	0	0	-62.1171	-49.7995	1.31372	2.28624
17	85.0297	1.33633	0	1.28499	2.24944	0	0	0	0	0	-63.5628	-50.5413	1.28499	2.24944
18	88.2535	1.34402	0	1.27014	2.2207	0	0	0	0	0	-64.5115	-51.2286	1.27014	2.2207
19	90.3972	1.35171	0	1.26446	2.20586	0	0	0	0	0	-64.9785	-51.6916	1.26446	2.20586
20	91.5361	1.3594	0	1.26257	2.20018	0	0	0	0	0	-65.173	-51.9271	1.26257	2.20018
21	92.1067	1.3671	0	6.52854	2.19829	4.82186	0	0	0	0	-65.2471	-52.0276	6.52854	2.19829
22	97.0703	1.37479	0	6.51914	2.6424	0	0	0	0	0	-65.9312	-53.2734	6.51914	2.6424
23	102.795	1.38248	0	6.54422	2.633	0	0	0	0	0	-66.3992	-54.9246	6.54422	2.633
24	106.688	1.39017	0	6.57336	2.65808	0	0	0	0	0	-66.5949	-56.1805	6.57336	2.65808
25	108.481	1.39787	0	6.5891	2.68722	0	0	0	0	0	-66.6582	-56.7701	6.5891	2.68722
26	109.214	1.40556	0	6.59604	2.70296	0	0	0	0	0	-66.6758	-56.9816	6.59604	2.70296
27	109.559	1.41325	0.0260748	3.88614	2.7099	0	0	0	3.88614	0	-66.679	-57.0492	3.88614	2.7099

图 7-28 塔板温度、压力、流率、热负荷分布（TPFQ）

Liquid / Basis Mass

Stage	METHANOL	WATER
1	0.999587	0.000413402
2	0.999005	0.000994647
3	0.99815	0.0018503
4	0.996891	0.00310871
5	0.995042	0.00495825
6	0.992324	0.00767564
7	0.988332	0.0116684
8	0.982461	0.0175387
9	0.973819	0.0261815
10	0.961064	0.0389364
11	0.942171	0.0578289
12	0.914049	0.0859509
13	0.871969	0.128031
14	0.809069	0.190931
15	0.71644	0.28356
16	0.590591	0.409409
17	0.452798	0.547202
18	0.346429	0.653571
19	0.287624	0.712376
20	0.261349	0.738651
21	0.250798	0.749202
22	0.148338	0.851662
23	0.0645851	0.935415
24	0.0227989	0.977201
25	0.00725857	0.992741
26	0.00216317	0.997837
27	0.000565325	0.999435

Vapor / Basis Mass

Stage	METHANOL	WATER
1	0.999828	0.000171679
2	0.999587	0.000413402
3	0.99923	0.000769558
4	0.998706	0.00129356
5	0.997936	0.00206353
6	0.996806	0.00319364
7	0.995149	0.00485062
8	0.992722	0.00727785
9	0.98917	0.0108304
10	0.983974	0.0160259
11	0.976381	0.0236185
12	0.965297	0.0347029
13	0.949146	0.0508538
14	0.925727	0.0742727
15	0.892286	0.107714
16	0.846166	0.153834
17	0.788656	0.211344
18	0.731301	0.268699
19	0.690208	0.309792
20	0.66845	0.33155
21	0.658908	0.341092
22	0.533009	0.466991
23	0.334543	0.665457
24	0.151976	0.848024
25	0.0541966	0.945803
26	0.0168131	0.983187
27	0.00445065	0.995549

图 7-29 塔板气液两相组成分布

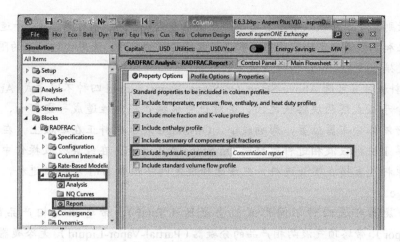

图7-30 通过分析功能设置塔分布页面显示水力学数据

C (RadFrac) - Profiles × | Control Panel | Main Flowsheet +

Compositions | K-Values | Hydraulics | Reactions | Efficiencies | Properties | Key Components | Thermal Analysis | Hydraulic Analysis | Bubble Dew Points

Stage	Temperature liquid from	Temperature vapor to	Mass flow liquid from	Mass flow vapor to	Volume flow liquid from	Volume flow vapor to	Molecular wt liquid from	Molecular wt vapor from	Density liquid from	Density vapor to	Viscosity liquid from	Viscosity vapor to	Surface tension liquid from	Foaming index	Flow parameter	Reduced vapor	Reduced F factor
	C	C	kg/hr	kg/hr	cum/hr	cum/hr			kg/cum	kg/cum	cP	cP	dyne/cm	dyne/cm	cum/hr		(gm-l)**.5.
1	69.1961	69.3777	77.4236	77.4236	0.104907	56.3793	32.0318	32.0318	738.021	1.37326	0.330003	0.011181	18.5018		0.0431363	2.43426	1101.15
2	69.3777	69.566	47.4258	77.3986	0.0642745	56.0545	32.017	32.023	737.864	1.38077	0.329521	0.011893	18.5326	0.0307469	0.0265066	2.42712	1097.79
3	69.566	69.7644	47.3851	77.3579	0.0642304	55.7314	31.9961	32.0099	737.737	1.38805	0.329056	0.0111963	18.5849	0.052282	0.0265698	2.41969	1094.34
4	69.7644	69.9779	47.3215	77.2943	0.0641515	55.4088	31.9908	31.9908	737.653	1.39498	0.328611	0.0112054	18.6686	0.0837488	0.0266238	2.41184	1090.72
5	69.9779	70.2141	47.2244	77.1972	0.0640127	55.0854	31.9189	31.9627	737.631	1.40141	0.328195	0.011216	18.7983	0.129675	0.0266642	2.40332	1086.84
6	70.2141	70.4839	47.0786	77.0514	0.0638179	54.7588	31.8518	31.8518	737.702	1.4071	0.327817	0.0112288	18.9949	0.196603	0.0266849	2.39382	1082.59
7	70.4839	70.8029	46.8622	76.835	0.0635066	54.4262	31.7537	31.8616	737.844	1.41173	0.327492	0.0112449	19.2889	0.29395	0.026677	2.38285	1077.78
8	70.8029	71.1944	46.5438	76.5166	0.0630399	54.0833	31.6105	31.7742	738.323	1.41479	0.327237	0.0112658	19.724	0.43518	0.0266274	2.36975	1072.16
9	71.1944	71.692	46.0792	76.052	0.0623496	53.7243	31.402	31.6473	739.045	1.4156	0.327075	0.0112936	20.3634	0.639362	0.0265173	2.35354	1065.34
10	71.692	72.3448	45.4065	75.3794	0.0613402	53.3415	31.0993	31.4636	740.241	1.41315	0.327031	0.0113314	21.2965	0.933084	0.0263192	2.33285	1056.84
11	72.3448	73.2239	44.4419	74.4148	0.0598804	52.9248	30.6616	31.1992	742.178	1.40605	0.327124	0.0113835	22.6488	1.35234	0.0259944	2.30577	1045.94
12	73.2239	74.4318	43.0763	73.0491	0.0577971	52.4621	30.0323	30.8218	745.302	1.39242	0.327346	0.0114557	24.5917	1.94285	0.0254884	2.26971	1031.76
13	74.4318	76.1113	41.1805	71.1533	0.0548799	51.9421	29.1376	30.2905	750.376	1.36986	0.327612	0.0115557	27.3452	2.75354	0.0247283	2.22134	1013.23
14	76.1113	78.4206	38.6474	68.6202	0.0509401	51.3644	27.8952	29.5628	758.684	1.33595	0.327626	0.0116908	31.142	3.79682	0.0236304	2.1573	989.478
15	78.4206	81.4756	35.4474	65.4202	0.0458983	50.7356	26.2472	28.6148	772.303	1.28943	0.326765	0.0118643	36.1215	4.9795	0.02214	2.07482	960.199
16	81.4756	85.0297	31.9194	61.8921	0.040248	50.129	24.297	27.5145	793.068	1.23466	0.323747	0.0120591	41.8962	5.77467	0.0203487	1.97945	928.348
17	85.0297	88.2535	28.8724	58.8451	0.0352821	49.6484	22.4691	26.4984	818.331	1.18524	0.31763	0.0122293	47.1207	5.22454	0.0186729	1.89085	900.858
18	88.2535	90.3972	26.9724	56.9449	0.0321386	49.3267	21.2338	25.8153	839.252	1.15445	0.310187	0.012338	50.4535	3.33273	0.0175673	1.83072	883.318
19	90.3972	91.5361	26.0611	56.0336	0.0306184	49.0746	20.6104	25.4677	851.157	1.14181	0.304583	0.0123934	52.0332	1.57979	0.0170347	1.79862	873.98
20	91.5361	92.1067	25.684	55.6567	0.0298889	48.8327	20.3427	25.3182	856.449	1.13974	0.301439	0.0124199	52.6646	0.631318	0.0168344	1.78259	868.886
21	92.1067	97.0703	132.119	62.0916	0.153899	59.1631	20.2371	23.4981	856.478	1.0495	0.299798	0.0126494	52.8907	-5.11552	0.0743975	2.06967	1010.16
22	97.0703	102.795	125.6	55.5729	0.142762	59.531	19.2664	21.1063	879.79	0.933512	0.286018	0.0128533	54.9827	2.09202	0.0736203	1.94019	958.633
23	102.795	105.688	121.326	51.2989	0.135302	60.3844	18.5394	19.2993	896.709	0.849539	0.270276	0.0129243	56.1224	1.13962	0.0727968	1.8595	927.609
24	106.688	108.481	119.615	49.5876	0.132244	60.9971	18.1966	16.4531	904.503	0.812949	0.260044	0.0129321	56.4073	0.284929	0.0723167	1.8295	916.621
25	108.481	109.214	119.083	49.0556	0.131276	61.1357	18.0727	18.1489	907.115	0.802406	0.255492	0.0129339	56.4314	0.024113	0.0721982	1.81906	912.726
26	109.214	109.559	118.942	48.9149	0.131019	61.0141	18.0324	18.0504	907.669	0.801699	0.253657	0.012938	56.4093	-0.0221315	0.0722601	1.81395	910.51
27	109.559	109.559	70.0272		0.0771286		18.0197		907.927		0.252793		56.3797	-0.0295699			

图7-31 精馏塔水力学数据

❖ 注意：

① DSTWU 计算过程中相对挥发度数据进行了简化处理，计算的结果并不精确，仅作为 RadFrac 的初值。RadFrac 采用合理的热力学方法详细计算每块理论板的泡点和露点、压力、流率、组成和其他物性参数，可以进一步优化理论板数、回流比、进料位置和冷凝器与再沸器的热负荷，得到更合理的精馏塔设计结果，本书将在后续章节详细介绍优化方法及操作过程。

② 在 Blocks | RADFRAC | Specifications | Configuration 表单，需要设置计算模式。RadFrac 提供两种计算模式，一种是平衡分离（Equilibrium），另一种是基于速率分离（Rate-based）。平衡分离是经典的计算方式，可以利用化工行业长期积累的热力学数据和模型参数，优化出理论板数和进料板位置后，根据分离经验数据，尤其是板效率，设计实际的塔板数和塔径，大大提高了精馏塔的设计效率。本例题输入的是理论板数，如需计算

实际塔板数则需要输入板效率或者塔效率经验值或者实验值。相对而言,基于速率的分离模型的建立和参数的确定比较困难,难以形成普适性的应用,使用受到一定的限制。其他参数可以直接采用 DSTWU 简捷法提供的初值。

③ 进料板位置可选 Above-Stage、On-Stage、Vapor、Liquid 四种不同方式。Above-Stage 表示进料介于板式塔两块塔板之间,会对进料板操作稳定性造成一定影响,对填料塔而言处理好液体分布器位置,影响较小。On-Stage 表示进料正在塔板上。在吸收或者汽提塔中第 1 块塔板液相进料最好选 On-Stage 或 Liquid;在经典吸收操作中,不设置再沸器,原料气直接在塔釜进料,应该选择规定的塔板数 N+1 块塔板进料,必须选择 Above-Stage。

④ 冷凝器可选四种不同形式:全凝器(Total)、带塔顶气相产品的分凝器(Partial-Vapor)、带塔顶气液两相产品的分凝器(Partial-Vapor-Liquid)、无冷凝器(None)。

⑤ 收敛方法有六种形式可供选择:a. 标准(Standard)方法,推荐大多数两相塔使用,可以用于冷凝器内自由水计算;b. 石油/宽沸程(Petroleum/wide-boiling)方法,推荐用于宽沸程混合物,或具有大量组分/设计规范的石油/石化行业应用,允许在冷凝器内计算自由水;c. 强非理想的液相(Strongly non-ideal liquid)方法,对于高度非理想物系的两相塔,在使用标准方法收敛较慢时,推荐用此方法;d. 共沸(Azeotrope)方法,用于两个液相共沸的精馏塔;e. 深度冷冻(Cryogenic)方法,用于低温分离体系的特殊初始化方法,例如深冷空分系统;f. 自定义(Custom)方法,选择此项时,可以自主选择初始化方法和收敛算法,需要进入 Blocks | RADFRAC | Convergence | Convergence | Basic 表单进一步输入相关信息。

⑥ 操作压力设置的三种模式:塔顶/塔底(Top/Bottom)、压力分布(Pressure profile)或塔段压降(Section pressure drop)。塔顶/塔底模式需设置塔板 1/冷凝器(Stage1/Condenser)压力,此时塔板 2 压力可选(Stage2 pressure),全塔压降(Pressure drop for rest of column)可选。如果塔板 2 压力和全塔压降均未设定,则全塔压力与设定的第 1 块塔板相同。塔内压力分布模式需设置给定塔板的压力。塔段压降模式需设置每一段的压降,指定塔段起始和结束塔板序号。

7.2.2 RadFrac 设计模式

RadFrac 设计模式利用设计规定(design specifications)功能指定设计目标(即某些塔器性能参数,如分离纯度和回收率等),设计规定功能也是单元模块自动优化的功能,此时必须指定操作变量(即可以调节的变量,使设计变量达到设计目标),这些操作变量可以是核算模式中可操作的任意变量(见表 7-2)。进料流率和输入热流负荷(the flow rates of inlet material streams and the duties of inlet heat streams)也可以作为操作变量,但是以下变量不能作为操作变量:塔板数(number of stages)、压力分布(pressure profile)、汽化效率(vaporization efficiency)、回流过冷温度(subcooled reflux temperature)、过冷度(degrees of subcooling)、倾析器温度和压力(decanter temperature and pressure)、进料位置(feed stage)、产品(products)、换热单元(heaters)、中段回流(pumparounds)和倾析器(decanters)、热虹吸式再沸器和中段回流压力(pressures of thermosyphon reboiler and pumparounds)、加热器传热系数和传热面积乘积(UA specifications for heaters)。

表 7-2　设计规定操作变量类型

操作变量	说明
纯度	指定包括内部物流在内的所有物流中，将纯度表示为任何组分组相对于任何其他组分组的摩尔、质量或标准液体体积分数之和
任意组分（几种组分总和）的回收率	指定一组产品物流，包括侧线物流，将回收率表示为任意进料物流（组合）中相同组分的分率
任意组分（几种组分总和）的流率	指定内部物流或者一组产品物流
温度	指定塔板
任何属性集属性的值	指定内部物流或者产品物流
任一对属性集属性的比率或差值	指定单个或者一对内部物流或者产品物流
任意组分组与任何其他组分组的流率比	指定内部物流与任何其他内部物流，或任何一组进料或产品物流

例 7-4 将一股 100kg/h 的低浓度甲醇［甲醇 30%（质量分数），水 70%（质量分数），45℃，35kPa（表压）］用普通精馏方法，分离得到塔顶质量分数≥99.9%的精甲醇，塔顶甲醇摩尔回收率≥99.9%。操作参数为：冷凝器压力 20kPa（表压），再沸器压力 40kPa（表压）。使用 RadFrac 模型对粗甲醇精馏塔进行设计计算，使用例 7-1 简捷法中确定的实际板数和 D/F 初值，求精馏塔最佳回流比、最佳塔顶采出比和最佳进料位置。物性方法选择 NRTL。

解：用 Aspen Plus 软件中的 RadFrac 模块进行设计型计算，计算步骤如图 7-32 所示。

步骤 1：全局性参数设置。启动 Aspen Plus，选择 **Chemicals with Metric Units**，文件保存为 Example 7.4.apw。进入 **Properties | Setup | Specifications | Global** 页面，在 Title 选框中输入 RadFrac-Design。

步骤 2～步骤 6：与例 7-3 的操作过程相同。

步骤 7：设计规定（Design Specifications）变量设置。首先添加设计规定 1，塔顶甲醇摩尔回收率≥99.9%。进入 **Blocks | RADFRAC | Specifications | Design Specifications** 页面，如图 7-33 所示，点击 **New** 按钮，新建一个设计规定 1。进入 **Blocks | RADFRAC | Specifications | Design Specifications | 1 | Specifications** 页面，

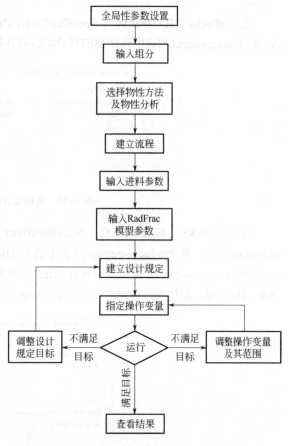

图 7-32　RadFrac 模块进行设计型计算的步骤

Description 输入 Mole Recovery（此处也可以不输入，自动生成），选择 Design specification Type

为 Mole recovery, 设定 Specification Target 为 0.999, 如图 7-34 所示。

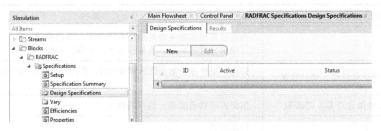

图 7-33　新建一个设计规定 1

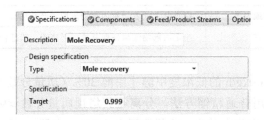

图 7-34　设置设计规定 1 的类型和目标值

进入 **Blocks | RADFRAC | Specifications | Design Specifications | 1 | Components** 表单, 从 Available components 列表中选择 METHANOL, 将其移动到 Selected components 列表, 如图 7-35 所示。

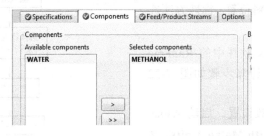

图 7-35　选择设计规定 1 的组分

进入 **Blocks | RADFRAC | Specifications | Design Specifications | 1 | Feed/Product Streams** 表单, 从 Product streams 列表中选择 DISTIL, 将其移动到 Selected streams 列表。从 Feed streams as base streams 列表中选择 FEED, 将其移动到 Selected streams 列表, 如图 7-36 所示。依据同样过程, 添加设计规定 2, 塔顶精甲醇质量分数≥99.9%, 如图 7-37~图 7-40 所示。

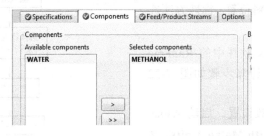

图 7-36　选择设计规定 1 的物流

图 7-37　新建一个设计规定 2

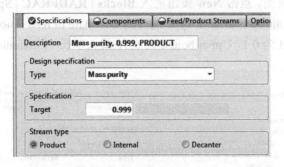

图 7-38　设置设计规定 2 的类型和目标值

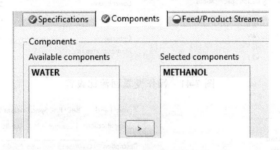

图 7-39　选择设计规定 2 的组分

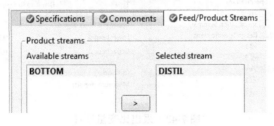

图 7-40　选择设计规定 2 的物流

❖ 注意：

① Design Specifications 和 Vary 必须同时设置，通常成对出现。操作变量的顺序与设计规定的顺序是对应的，即每一个设计规定的设计目标是通过调节对应的操作变量来实现的。

② 设计规定可以是纯度、回收率、流率、流率比值或者热负荷等参数。当两个设计规定具有相同的性质时，首选数值小的。在产品流率不确定的前提下，规定 *D/F* 或 *B/F* 更适合。

③ 操作变量仅能从 Configuration 页面输入的操作变量中选取，一般有 1~2 个。设计规定可以按需要设置，但是规定的数量超过可调节变量个数以后，只能重复使用同样的操作变量服务于不同的设计规定，有可能造成相互冲突。

步骤8：操作变量（Vary）设置。

① 添加第1个操作变量回流比（Reflux ratio）。进入 **Blocks | RADFRAC | Specifications | Vary** 页面，点击 **New** 按钮进入 **Blocks | RADFRAC | Specifications | Vary | 1 | Specifications** 页面，Adjusted variable Type 选择为 Reflux ratio，设定 Upper and lower bounds 中 Lower bound 为1，Upper bound 为2，最大步长（Maximum step size）为可选项，如图 7-41 所示。

② 添加第2个操作变量塔顶采出比（Distillate to feed ratio）。进入 **Blocks | RADFRAC | Specifications | Vary** 页面，点击 **New** 按钮进入 **Blocks | RADFRAC | Specifications | Vary | 2 | Specifications** 表单，Adjusted variable Type 选择为 Distillate to feed ratio，设定 Upper and lower bounds 中 Lower bound 为0.1，Upper bound 为0.3，最大步长（Maximum step size）为可选项，如图 7-42 所示。

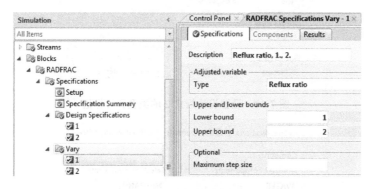

图 7-41　操作变量回流比设置

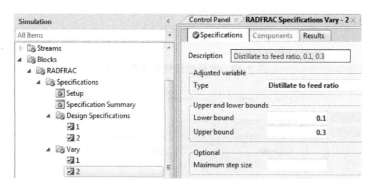

图 7-42　采出比变量设置

步骤9：运行流程。

> ❖ **注意**：经常出现的错误是计算过程中或者结束时，操作变量的调节范围超出设定边界条件仍不能达到设计规定目标值，此时可以适当调节操作变量边界或者设计规定目标值，不能期望过高。另外，设置两组 Design Specifications/Vary 时，如出现设计规定不能达成，也可以尝试交换操作变量与设计规定的组合顺序，本例题中如果设置"塔顶甲醇摩尔回收率/采出比"和"塔顶甲醇质量纯度/回流比"匹配，则结果不能满足设计规定。

步骤10：查看计算结果。查看方法与例 7-3 步骤 8 相同。运行结果摘要如图 7-43 所示，物流结果如图 7-44 所示。此外，可以在 **Blocks | RADFRAC | Specifications | Design**

Specifications | 1（**或 2**）**| Results** 页面查看设计规定结果（图 7-45），在 **Blocks | RADFRAC | Specifications | Vary | 1**（**或 2**）**| Results** 界面查看操作变量最终调节的结果（图 7-46）。由图 7-45 和图 7-46 可以看出，塔顶甲醇的摩尔回收率和质量分数分别为 0.999，相对误差为 10^{-8} 数量级。在不考虑进料位置的前提下，此时回流比和 *D*/*F* 达到最佳，分别为 1.63278 和 0.194323。在实际板数 27，进料板 21 时，严格法与简捷法初值（回流比=1.58313，*D*/*F*=0.194058）存在一定的差别。

Name	Value	Units
Subcooled duty		
Distillate rate	0.936995	kmol/hr
Reflux rate	1.52991	kmol/hr
Reflux ratio	1.63278	
Free water distillate rate		
Free water reflux ratio		
Distillate to feed ratio	0.194323	

Name	Value	Units
Temperature	109.574	C
Heat duty	0.0264968	Gcal/hr
Bottoms rate	3.88486	kmol/hr
Boilup rate	2.75424	kmol/hr
Boilup ratio	0.708967	
Bottoms to feed ratio	0.805677	

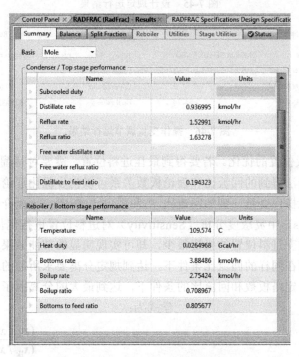

图 7-43　RadFrac 设计型计算结果摘要

	Units	FEED	BOTTOM	DISTIL
Mass Entropy	cal/gm-K	-1.97227	-1.90677	-1.69085
Molar Density	mol/cc	0.0432926	0.0503895	0.0230526
Mass Density	kg/cum	897.841	907.951	738.081
Enthalpy Flow	Gcal/hr	-0.317285	-0.259041	-0.0523648
Average MW		20.7389	18.0187	32.0172
− Mole Flows	**kmol/hr**	**4.82186**	**3.88486**	**0.936995**
METHANOL	kmol/hr	0.936266	0.000936284	0.93533
WATER	kmol/hr	3.88559	3.88393	0.00166527
− Mole Fractions				
METHANOL		0.194171	0.000241008	0.998223
WATER		0.805829	0.999759	0.00177724
− Mass Flows	**kg/hr**	**100**	**70**	**30**
METHANOL	kg/hr	30	0.0300005	29.97
WATER	kg/hr	70	69.97	0.0300003
− Mass Fractions				
METHANOL		0.3	0.000428579	0.999
WATER		0.7	0.999571	0.00100001
Volume Flow	cum/hr	0.111378	0.0770967	0.0406459

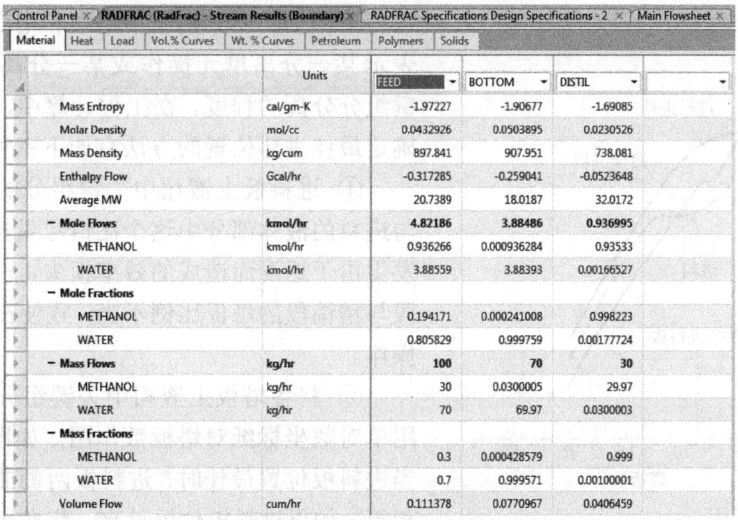

图 7-44　RadFrac 设计型计算物流结果

☑Specifications	☑Components	☑Feed/Product Streams	Options	Results
Type	MOLE-RECOV			
Target	0.999			
Calculated value	0.999			
Error	1.82966e-08			
Qualifiers	STREAM: DISTIL BASE-STREAM: FEED			
	COMPS: METHANOL			

☑Specifications	☑Components	☑Feed/Product Streams	Options	Results
Type	MASS-FRAC			
Target	0.999			
Calculated value	0.999			
Error	1.02955e-08			
Qualifiers	STREAM: DISTIL			
	COMPS: METHANOL			

图 7-45　设计规定运行结果

☑Specifications	Components	Results
Type	MOLAR REFLUX RATIO	
Lower bound	1	
Upper bound	2	
Final value	1.63278	

☑Specifications	Components	Results
Type	DISTILLATE TO FEED RATIO	
Lower bound	0.1	
Upper bound	0.3	
Final value	0.194323	

图 7-46　操作变量调节运行结果

步骤 11：进料板位置的优化。若要得到最佳进料位置，需要对精馏塔进一步优化。如前所述，DSTWU 简捷法得到的回流比和理论板数关系可以初步优化理论板数和回流比，设计规定可以进一步优化操作变量（例如回流比 R 和采出比 D/F）。下面介绍通过模型分析工具（Model Analysis Tools）中灵敏度分析（Sensitivity）对进料位置进行优化。

多数情况下，改变进料位置的投资很少，却可实现明显的节能效果。在设计计算中，所谓最佳进料位置是指在同样的回流比条件下，达到规定分离要求所需的塔板数最少；在核算型计算中，则指在一定塔板数和回流比的条件下，达到最大的分离因子 S。分离因子 S 的数学式为：

$$S = \frac{(x_{lk}/x_{hk})_D}{(x_{lk}/x_{hk})_B} \quad (7\text{-}1)$$

式中，x_{lk}、x_{hk} 分别表示轻重关键组分的摩尔分数；下标 D、B 分别表示塔顶和塔底。分离因子 S 表示某一分离单元操作或某一分离流程将轻重关键组分分离的程度。在工程计算中，应用较广泛的确定最佳进料位置的方法有如下三种。

① 进料板上液相中关键组分的浓度比值，应与进料的液体部分中这个比值尽量接近。否则就会发生由于返混而造成的效率损失，也可能导致提馏段与精馏段的塔板比例不当，致使在某段造成无效操作。

② 将各塔板上液相中关键组分浓度的比值，用单对数坐标纸对塔板数作图，如图 7-47 所示。当进料板位置最佳时，进料板两侧曲线的斜率几乎相等。如果进料板位置过高，将在进料板下面一段塔中发生较严重的逆向精馏；如果进料板的位置过低，将在进料板上面一段塔中发生较严重的逆向精馏。

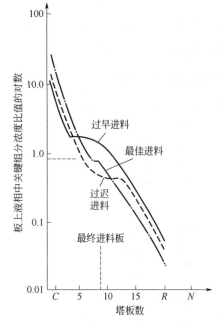

图 7-47　进料位置与关键组分浓度比值的关系

③ 在塔板数和回流比固定的条件下，改变几个进料板位置，分别进行严格法模拟计算，算出相应的塔器分离因子 S，再将 S 对进料板数作图，曲线最高点对应的进料板数即为最佳进料位置。

上述三种确定最佳进料位置的方法中，方法①是二元精馏判据的推广，曾广泛应用于多元精馏。但当轻重非关键组分的含量高，两者含量的差距又大时，这一办法会引起较大偏差，尤其是回流比接近最小回流比时，此偏差更为显著。后两种能够比较可靠地求得最佳进料位置，比较实用。

从图 7-48 中可以看出，第 21 块塔板（进料板）的液相中甲醇和水的质量分数分别为 0.234129 和 0.765871，与进料中 0.3 和 0.7 存在较大差异，并非最佳的进料位置。如果仅仅通过手动调节进料位置，由于精馏段和提馏段塔板数的改变会导致很多参数随之改变，很难实现最优化。本例题将在保留设计规定的前提下，按照上述方法③利用灵敏度分析确定最佳进料位置。

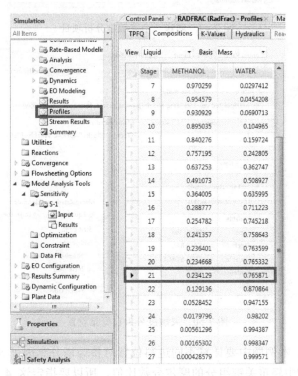

图 7-48 进料板的液相组成

进入 **Model Analysis Tools | Sensitivity** 页面，点击 **New** 按钮创建一个名为 S-1 的灵敏度分析项目（可以自主命名，尽量用英文字符命名），如图 7-49 所示。并定义灵敏度分析 S-1 的自变量（要分析的参数）和因变量（要考察的受影响的参数）。

① 定义自变量，即进料板位置。进入 **Model Analysis Tools | Sensitivity | S-1 | Input | Vary** 页面，并勾选 Active，使其处于激活状态。点击 **New** 按钮，创建一个操作变量，命名为 1（图 7-50），同样在操作变量（Manipulated variables）表单中勾选 Active，确保其处于激活状态。在编辑已选变量（Edit selected variable）表单设置变量 1，Type 选择 Block-Var（模块变量），Block 选择 RADFRAC，Variable 选择 FEED-STAGE（进料板），ID1 选择 FEED（进

料流股名称）。操作变量限制（Manipulated variable limits）表单中有三个选项：等距（Equidistant）、对数（Logarithmic）和数值列表（List of values）。本例题选择等距。分析进料起点（Start point）设为第 13 块塔板，终点（End point）设为 21，以便同现状进行比较，如图 7-50 所示。

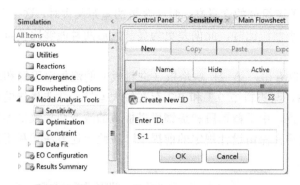

图 7-49　创建一个灵敏度分析项目

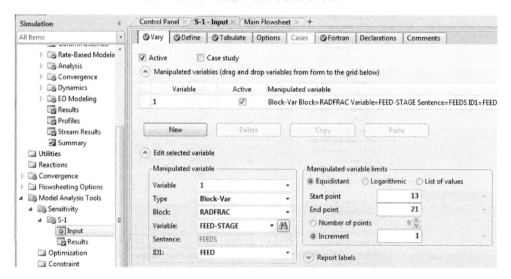

图 7-50　灵敏度分析自变量设置

② 定义因变量。本例题中要计算不同进料位置对精馏塔分离因子 S 的影响，而 S 是塔顶馏出物和塔底采出物中轻重关键组分的摩尔分数比值，所以要指定这 4 个变量。进入 **Model Analysis Tools | Sensitivity | S-1 | Input | Define** 页面。点击 **New** 按钮，创建第 1 个目标变量，即塔顶馏出物中轻关键组分甲醇的摩尔分数，命名为 XLKD。在编辑已选变量（Edit selected variable）表单变量（Variable）处选择 XLKD，在类别（Category）处选择流股（Streams）。在引用（Reference）表单，类型（Type）选择摩尔分数（Mole-Frac）。表单中会依次出现流股（Stream）、子流股（Substream）、组分（Component）选项，分别选择 DISTIL、MIXED、METHANOL，如图 7-51 所示。

用同样的方法创建塔顶馏出物中重关键组分水的摩尔分数（XHKD）、塔底采出物中轻关键组分甲醇的摩尔分数（XLKB）、塔底采出物中重关键组分水的摩尔分数（XHKB），如图 7-52～图 7-54 所示。

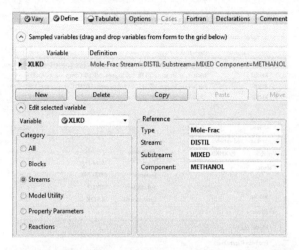

图 7-51　定义塔顶馏出物中轻关键组分甲醇的摩尔分数（XLKD）

图 7-52　定义塔顶馏出物中重关键组分水的摩尔分数（XHKD）

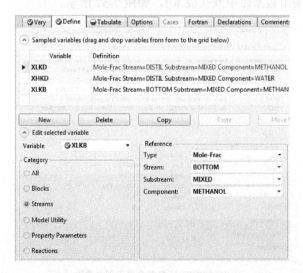

图 7-53　定义塔底采出物中轻关键组分甲醇的摩尔分数（XLKB）

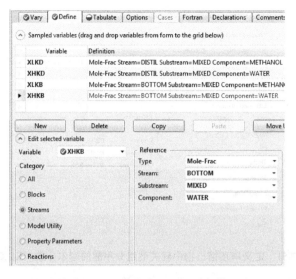

图 7-54　定义塔底采出物中重关键组分水的摩尔分数（XHKB）

另外，考虑到本例题中添加了塔顶馏出物中甲醇的纯度和回收率的设计规定，会导致 *S* 值变化不会很明显，此时，调整进料位置对冷凝器和再沸器的热负荷影响较大，所以增加一个公用工程总费用（操作费用）的因变量 TCOST，包括冷凝器公用工程总费用（变量 CCOST，指标为 COND-UTL-COS）和再沸器公用工程总费用（变量 HCOST，指标为 REB-UTL-COST），定义结果见图 7-55。此时 TCOST=CCOST+HCOST。

为了能够计算公用工程总费用必须为冷凝器和再沸器设置公用工程。进入 **Blocks | RADFRAC | Specifications | Setup | Condenser** 页面，在公用工程设置（Utility specification）选项的 Utility 中选取 New，新建一个公用工程（Create a new utility）命名为 CW，从数据库下拉菜单（Copy from）中选取 Cooling Water（冷却水，本例题采用数据库中默认成本），如图 7-56 所示。同理，进入 **Blocks | RADFRAC | Specifications | Setup | Reboiler** 页面，在可选（Optional）选项的 Utility 中选取 New，新建一个 LPS，从数据库下拉菜单中选取 LP Steam（低压蒸汽，本例题采用数据库中默认成本），如图 7-57 所示。

(a) CCOST 冷凝器公用工程总费用

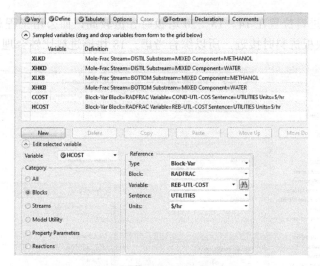

(b) HCOST 再沸器公用工程总费用

图 7-55　公用工程总费用

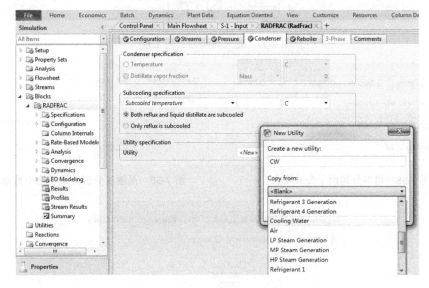

图 7-56　定义冷凝器公用工程

③ 构建目标函数，在 Fortran 页面输入 S 和 TCOST 的计算公式。进入 **Model Analysis Tools | Sensitivity | S-1 | Input | Fortran** 页面。从第 7 列开始输入公式：S=（XLKD/XHKD）/（XLKB/XHKB），第 2 行 TCOST=CCOST+HCOST，如图 7-58 所示。

④ 在列表（Tabulate）页面中设置数据位置。进入 **Model Analysis Tools | Sensitivity | S-1 | Input | Tabulate** 页面。设置第 1 列为 S，第 2 列为 TCOST，如图 7-59 所示。

⑤ 运行并查看灵敏度分析结果。灵敏度分析并不能独立运行，参数全部设置完成后，重置并运行流程模拟，灵敏度分析一并运行。控制面板显示正确结果后，进入 **Model Analysis Tools | Sensitivity | S-1 | Results | Summary** 页面查看结果（图 7-60）。可以将进料板数、S 和 TCOST 三列数据选中，利用 Plot 中 Custom 功能，以进料板数为横坐标、S 和 TCOST 为纵坐标作图（图 7-61）。可以看出，在满足设计规定的前提下，塔的分离因子 S 在研究范围内

呈不规律的变化，进料位置在 14、18、20 塔板时 S 值较高，而公用工程总费用在 19 块板进料时最低且与 18 块板进料时接近，所以综合考虑，18 块板进料比较合理。

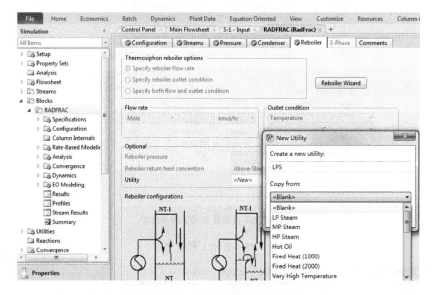

图 7-57　定义再沸器公用工程

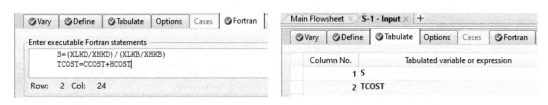

图 7-58　塔器分离因子公式输入　　　　　图 7-59　灵敏度分析结果表格中数据位置

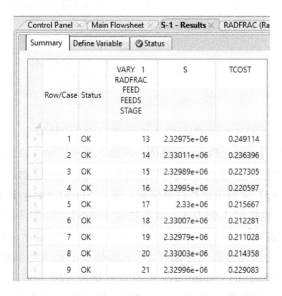

图 7-60　灵敏度分析结果

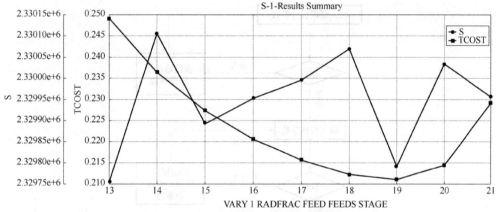

图 7-61　灵敏度分析结果作图

将 Example 7.4.apw 另存为 Example 7.4-1.apw,将进料位置设置在第 18 块塔板,关闭(Deactive)或者删除(Delete)灵敏度分析 S-1,保留设计规定,重新运行模拟,结果如图 7-62 所示。至此可以得到本例题最佳进料位置为第 18 块塔板,最佳回流比为 1.39079,最佳 D/F 为 0.194323。

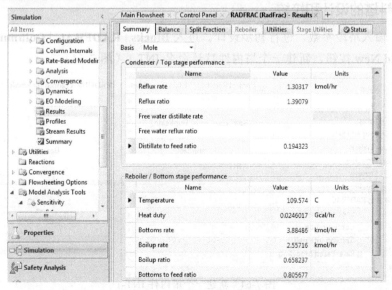

图 7-62　最佳进料板运行结果

7.3 精馏塔塔板和填料的设计和校核

例 7-5 例 7-4 的处理量基准选择了 100kg/h 仅是为了说明计算程序所需塔径很小，为了讨论塔设备塔板和填料的设计与校核，把基准增加到 10000kg/h，将 FEED 的总流率（Total flow rate）设置成"10000kg/hr"，其他参数不变，试将 Example 7.4-1.apw 另存为 Example 7.5a.apw（填料塔）和 Example 7.5b.apw（板式塔），分别进行填料塔和板式塔的设计。

解：塔内构件设计和校核步骤如图 7-63 所示。

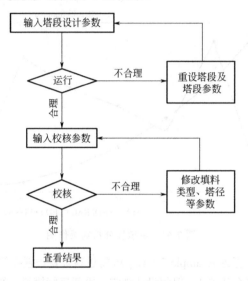

图 7-63 塔内构件设计和校核步骤

（1）填料塔的设计和校核

步骤 1：输入塔段参数，进行初步设计。进入 **Blocks | RADFRAC | Column Internals** 页面，点击 **Add New** 按钮，新建一个塔内件默认命名 INT-1（图 7-64）。

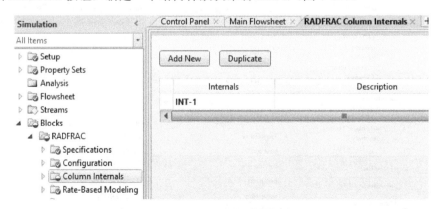

图 7-64 新建一个塔内件 INT-1

进入 **Blocks | RADFRAC | Column Internals | INT-1 | Sections** 页面,点击 **Add New** 按钮,新建一个塔段 CS-1,如图 7-65 所示。进入 **Blocks | RADFRAC | Column Internals | INT-1 | Sections | CS-1 | Geometry** 页面设置起始塔板数 2,结束塔板数 26,模式(Mode)为交互尺寸计算(Interactive sizing),塔段类型(Section type)为填料(Packed),塔板/填料类型为 MELLAPAK 250Y,塔板间距/塔段填料高度 15m,上述参数输入完成后,软件会计算得到直径 0.973253m,如图 7-66 所示。

图 7-65　Sections 页面设置

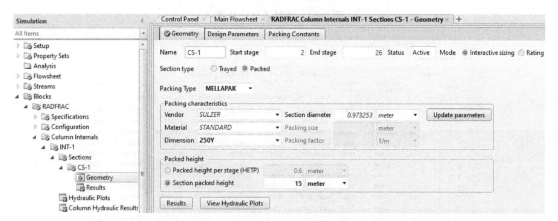

图 7-66　CS-1 的几何结构设置

步骤 2:运行设计计算并查看设计结果。在 **Blocks | RADFRAC | Column Internals | INT-1 | Sections | CS-1 | Geometry** 页面点击 **Results** 按钮(或者打开 **Blocks | RADFRAC | Column Internals | INT-1 | Sections | CS-1 | Results**),可以查看校核结果摘要和各塔板参数。在 **Geometry** 页面点击 **View Hydraulic Plots** 按钮,可以查看每个塔板的负荷性能图。

打开 **Blocks | RADFRAC | Column Internals | INT-1 | Sections | CS-1 | Results | Summary**,查看填料塔设计结果(图 7-67)和各理论级水力学结果(图 7-68)。可以看出,最大液泛率[Maximum % capacity(constant L/V)]达到 80.0001,出现在进料位置,第 18 级。一般最大液泛率控制在 40%~80% 之间,最大液泛因子(Maximum capacity factor)为 0.0839m/s。塔段压降 2.1077kPa 比预估值 20kPa 小很多,可以据此修改塔压降设置。平均压降(Average pressure drop / Height)为 14.3285mmH$_2$O/m。最大液相表观速度(Maximum liquid superficial velocity)为 21.9169m³/(h·m²)。

Summary | By Stage | Messages

Name CS-1 Status Active

Section starting stage	2	
Section ending stage	26	
Calculation Mode	Sizing	
Column diameter	0.973253	meter
Packed height per stage	0.6	meter
Section height	15	meter
Maximum % capacity (constant L/V)	80.0001	
Maximum capacity factor	0.0839392	m/sec
Section pressure drop	0.0210772	bar
Average pressure drop / Height	14.3285	mm-water/m
Average pressure drop / Height (Frictional)	13.1221	mm-water/m
Maximum stage liquid holdup	0.0190654	cum
Maximum liquid superficial velocity	21.9169	cum/hr/sqm
Surface area	2.56	sqcm/cc
Void fraction	0.987	
1st Stichlmair constant	1	
2nd Stichlmair constant	1	
3rd Stichlmair constant	0.32	

图 7-67 填料塔设计结果

Summary | By Stage | Messages

View Hydraulic results

Stage	Packed height	% Capacity (Constant L/V)	% Capacity (Constant L)	Pressure drop	Pressure drop / Height (Frictional)	Liquid holdup	Liquid velocity	Fs	Cs	% Approach to system limit
	meter			bar	mm-water	cum	cum/hr/sq	sqrt(atm)	m/sec	
2	0.6	66.7477	57.4022	0.000897439	13.8728	0.012903	7.58773	0.007157	0.0839392	48.8375
3	1.2	66.5358	57.1552	0.00089056	13.7495	0.0128862	7.57109	0.00713117	0.0836373	48.5744
4	1.8	66.2868	56.8693	0.000882981	13.6149	0.0128643	7.54656	0.00710326	0.0833062	48.2583
5	2.4	65.9863	56.5295	0.000874436	13.4647	0.0128351	7.51116	0.00707241	0.0829341	47.8703
6	3	65.6146	56.1154	0.000864582	13.2935	0.0127959	7.46083	0.00703747	0.0825047	47.3863
7	3.6	65.1448	55.5999	0.00085299	13.0943	0.0127427	7.39007	0.0069969	0.0819962	46.7762
8	4.2	64.5412	54.947	0.000839148	12.8592	0.0126705	7.29158	0.00694865	0.081379	46.0038
9	4.8	63.7564	54.1103	0.000822473	12.579	0.0125718	7.15581	0.00689008	0.0806143	45.0288
10	5.4	62.7297	53.0322	0.000802362	12.2446	0.0124371	6.97066	0.00681789	0.0796515	43.8094
11	6	61.3846	51.6433	0.00077825	11.8475	0.0122536	6.72143	0.00672808	0.0784266	42.3095
12	6.6	59.9982	50.2645	0.000750329	11.3926	0.0120043	6.39109	0.00661581	0.0768569	40.5056
13	7.2	57.0268	47.265	0.000716587	10.8468	0.0116743	5.97218	0.00648088	0.0749044	38.4324
14	7.8	53.568	43.8902	0.000680587	10.2709	0.0112501	5.46386	0.0063227	0.0725217	36.163
15	8.4	49.9003	40.4421	0.000645	9.70723	0.0107488	4.90829	0.00615418	0.0698477	33.9056
16	9	46.5932	37.4412	0.0006136	9.21213	0.0102439	4.3999	0.0060026	0.0672884	31.9867
17	9.6	44.1933	35.3216	0.000591117	8.85751	0.00983966	4.03166	0.00589203	0.0653181	30.6552
18	10.2	80.0001	76.1592	0.00149996	24.3093	0.0190654	21.9169	0.00718779	0.0790906	37.0095
19	10.8	78.5562	74.5056	0.00137866	22.2711	0.0188182	21.5548	0.00708299	0.0777528	36.3126
20	11.4	75.6252	71.1831	0.00117554	18.8771	0.0183148	20.7701	0.00687708	0.0750785	34.9221
21	12	71.0984	66.1347	0.000945454	15.0665	0.017518	19.5105	0.00656302	0.0709468	32.8166
22	12.6	66.8579	60.8121	0.000784521	12.4365	0.0166747	18.2704	0.00627358	0.0670632	30.9034
23	13.2	64.6514	57.5525	0.00071737	11.3595	0.0161202	17.5673	0.00612925	0.0650505	29.9561
24	13.8	63.8677	56.4049	0.000696986	11.0383	0.0158696	17.2991	0.00607965	0.0643325	29.6378
25	14.4	63.5845	56.0094	0.000689904	10.9244	0.0157762	17.2153	0.00605912	0.0640535	29.52
26	15	63.4455	55.8373	0.000686373	10.8638	0.0157427	17.1939	0.00604566	0.0638953	29.4541

图 7-68 填料塔各理论级水力学结果

另外，消息栏提示“采用金属、金属丝网、玻璃或陶瓷规整填料的填料床高度超过 6.096m。为了获得较好的液相分布，同时防止填料床由于自重变形，请考虑降低填料床高度”（图 7-69）。因此，选择比表面积更大的规整填料，例如 Mellapak 350Y 和 500Y 型，精馏段和提馏段分开设计。

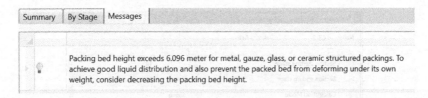

Packing bed height exceeds 6.096 meter for metal, gauze, glass, or ceramic structured packings. To achieve good liquid distribution and also prevent the packed bed from deforming under its own weight, consider decreasing the packing bed height.

图 7-69　提示警告信息

步骤 3：调整塔段划分并分段设计。分两段设计填料，将塔段 CS-1 的结束塔板数调整到 17，填料类型选择 MELLAPAK 500Y，塔段填料高度调整为 6m，此时计算得到塔径 1.07027m。

在 **Sections** 页面，再次点击 **Add New** 按钮，创建第二塔段 CS-2，起始塔板数 18，结束塔板数 26，交互尺寸计算模式。为了使两端塔径接近，选择 MELLAPAK 350Y，塔段填料高度 4m，计算得到直径 1.0586m，如图 7-70 所示。从设计结果（图 7-71）可以看出，两个塔段均不超过 6m，最大液泛率均不超过 80。

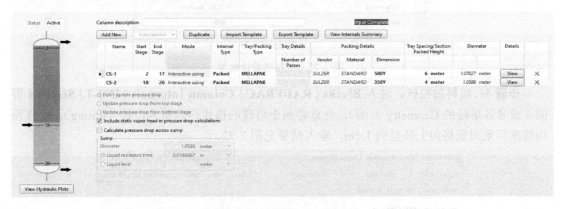

图 7-70　分段填料设计设置

Summary	By Stage	Messages		
Name	CS-1		Status	Active

Section starting stage	2	
Section ending stage	17	
Calculation Mode	Sizing	
Column diameter	1.07027	meter
Packed height per stage	0.375	meter
Section height	6	meter
Maximum % capacity (constant L/V)	80	
Maximum capacity factor	0.0694113	m/sec
Section pressure drop	0.0131521	bar
Average pressure drop / Height	22.3523	mm-water/m
Average pressure drop / Height (Frictional)	21.0038	mm-water/m
Maximum stage liquid holdup	0.015915	cum
Maximum liquid superficial velocity	6.27447	cum/hr/sqm
Surface area	5.08	sqcm/cc
Void fraction	0.975	

(a) 精馏段(CS-1)

图 7-71

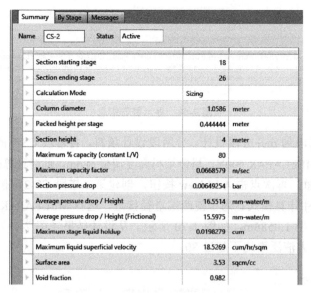

(b) 提馏段(CS-2)

图 7-71 填料塔设计结果

步骤 4：填料的校核。进入 **Blocks | RADFRAC | Column Internals | INT-1 | Sections** 页面（或者各塔段的 Geometry 页面），注意将两个塔段的模式均调整为校核（Rating），塔直径均按常用系列规格向上圆整到 1.1m，输入结果见图 7-72。

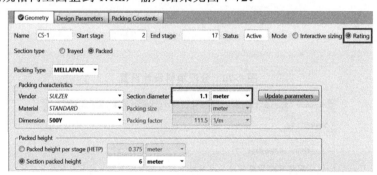

(a) 精馏段

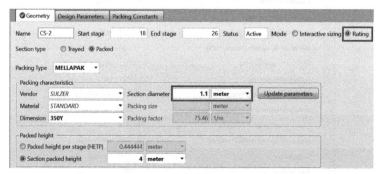

(b) 提馏段

图 7-72 填料校核设置

重新运行一次，查看水力学校核结果（图 7-73）和各理论级的负荷性能图（图 7-74）。

可以看出，精馏段液泛率最大 75.734%，最小 50.1431%；提馏段液泛率最大 74.0845%，最小 58.754%；负荷性能图没有警告和错误。填料精馏塔可以稳定操作。

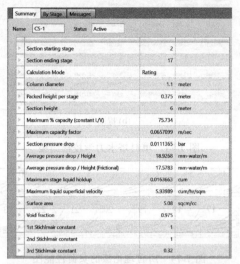

Section starting stage	2	
Section ending stage	17	
Calculation Mode	Rating	
Column diameter	1.1	meter
Packed height per stage	0.375	meter
Section height	6	meter
Maximum % capacity (constant L/V)	75.734	
Maximum capacity factor	0.0657099	m/sec
Section pressure drop	0.0111365	bar
Average pressure drop / Height	18.9268	mm-water/m
Average pressure drop / Height (Frictional)	17.5783	mm-water/m
Maximum stage liquid holdup	0.0163663	cum
Maximum liquid superficial velocity	5.93989	cum/hr/sqm
Surface area	5.08	sqcm/cc
Void fraction	0.975	
1st Stichlmair constant	1	
2nd Stichlmair constant	1	
3rd Stichlmair constant	0.32	

View: Hydraulic results

Stage	Packed height (meter)	% Capacity (Constant L/V)	% Capacity (Constant L)	Pressure drop (bar)	Pressure drop / Height (Frictional) (mm-water)	Liquid holdup (cum)	Liquid velocity (cum/hr/sc)	Fs (sqrt(atm))	Cs (m/sec)	% Approach to system limit
2	0.375	75.734	67.9735	0.00083966/	21.4532	0.0163663	5.93989	0.0056027	0.065/099	58.21/1
3	0.75	75.4936	67.6767	0.000830255	21.1908	0.0163426	5.92686	0.00558248	0.0654736	38.0113
4	1.125	75.2111	67.3319	0.000819835	20.9017	0.0163124	5.90766	0.00556063	0.0652144	37.764
5	1.5	74.8701	66.9206	0.000808041	20.576	0.0162733	5.87995	0.00553648	0.0649231	37.4605
6	1.875	74.4483	66.4178	0.000794422	20.2019	0.0162218	5.84054	0.00550913	0.064587	37.0819
7	2.25	73.9153	65.79	0.000778443	19.7653	0.0161532	5.78515	0.00547737	0.0641889	36.6047
8	2.625	73.2304	64.9931	0.000759514	19.2507	0.0160614	5.70805	0.0054396	0.0637058	36.0006
9	3	72.34	63.9703	0.000737062	18.6434	0.0150377	5.60177	0.00539177	0.0631071	35.2379
10	3.375	71.1751	62.6513	0.000710663	17.9329	0.015771	5.45683	0.00533723	0.0623534	34.2842
11	3.75	69.6489	60.952	0.000680211	17.1175	0.0155466	5.26172	0.00526693	0.0613945	33.1109
12	4.125	68.0758	59.2579	0.000648764	16.282	0.0152466	5.00312	0.00517904	0.0601657	31.6999
13	4.5	64.7044	55.6142	0.000608417	15.214	0.01484911	4.6/519	0.0050/341	0.0586372	30.0782
14	4.875	60.7799	51.5236	0.000571865	14.2546	0.0143462	4.27726	0.00494959	0.056772	28.3029
15	5.25	56.6185	47.3571	0.00053979	13.4234	0.0137544	3.84234	0.00481766	0.0546787	26.5369
16	5.625	52.8661	43.7431	0.00051349	12.7539	0.0131588	3.44437	0.004699	0.0526752	25.0357
17	6	50.1431	41.1983	0.000495728	12.2914	0.0126807	3.1561	0.00461245	0.0511329	23.9939

(a) 精馏段

Section starting stage	18	
Section ending stage	26	
Calculation Mode	Rating	
Column diameter	1.1	meter
Packed height per stage	0.444444	meter
Section height	4	meter
Maximum % capacity (constant L/V)	74.0845	
Maximum capacity factor	0.0619143	m/sec
Section pressure drop	0.00508802	bar
Average pressure drop / Height	12.9708	mm-water/m
Average pressure drop / Height (Frictional)	12.0171	mm-water/m
Maximum stage liquid holdup	0.0205134	cum
Maximum liquid superficial velocity	17.1572	cum/hr/sqm
Surface area	3.53	sqcm/cc
Void fraction	0.982	
1st Stichlmair constant	1	
2nd Stichlmair constant	1	
3rd Stichlmair constant	0.32	

图 7-73

Stage	Packed Height meter	% Capacity (Constant L/V)	% Capacity (Constant L)	Pressure drop bar	Pressure drop / Height (Frictional) mm-water	Liquid holdup cum	Liquid velocity cum/hr/sq	Fs sqrt(atm)	Cs m/sec	% Approach to system limit
18	0.444444	74.0845	69.4458	0.000813942	17.4919	0.0205134	17.1572	0.0056268	0.0619143	28.947
19	0.888889	72.7474	67.5058	0.000755437	16.1729	0.0202759	16.8787	0.00554476	0.0608671	28.4024
20	1.33333	70.0331	63.4659	0.000658564	14.0083	0.0197813	16.2594	0.00538357	0.0587735	27.3157
21	1.77778	65.841	57.4683	0.000555618	11.7461	0.0189801	15.2734	0.00513772	0.0555392	25.6702
22	2.22222	61.914	52.1141	0.000489819	10.3416	0.0181145	14.3026	0.00491113	0.052499	24.1749
23	2.66667	59.8708	49.4049	0.000462493	9.7887	0.0175348	13.7522	0.00479814	0.0509234	23.4344
24	3.11111	59.145	48.4513	0.000453538	9.59866	0.0172696	13.5422	0.00475932	0.0503613	23.1857
25	3.55556	58.8827	48.121	0.000450212	9.52876	0.0171702	13.4766	0.00474325	0.0501428	23.0936
26	4	58.754	47.9754	0.000448398	9.48659	0.0171346	13.4599	0.00473271	0.050019	23.0421

(b) 提馏段

图 7-73　填料塔水力学校核结果

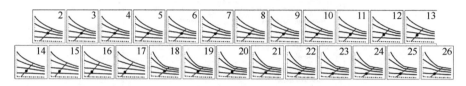

图 7-74　所有理论级的负荷性能图

❖ **注意:**

①　塔段不包括冷凝器和再沸器,所以起始塔板数为 2,结束塔板数为塔板数减 1。

②　一般塔段高度 4~6m,超过 6m 需要布置分布器。另外,精馏塔精馏段和提馏段可能会因为气、液两相流率存在较大差距,也需要分段设计。如果设计结果两段塔径相差很小,为了节约制造成本可以通过调整塔板或者填料类型或型号,使用同一塔径。

③　一般大规模工业生产中多选用 250Y 型规整填料。关于填料的选择和相关参数请参看《石油化工设计手册》第三卷: 化工单元过程(下)。苏尔寿公司 Sulzer Mellapak 250Y、350Y 和 500Y 型高效规整填料的部分参数见表 7-3。为了生产操作稳定并留有一定的调节裕度,实际填料层高度一般取计算值的 1.3~1.5 倍。

④　塔直径圆整,根据旧版压力容器公称直径标准 (JB 1153—73),直径在 1m 以下,间隔为 100mm; 直径在 1m 以上,间隔为 200mm。此标准已经更新为《压力容器公称直径》GB/T 9019—2015,塔直径的系列规格更多,详见表 7-4。

⑤　当任何一个理论级存在不合理的参数时,负荷性能图会显示警告 ⚠ 或者错误 ❌,点击警告或错误标识可以显示详细信息,根据提示进行调整即可。

表 7-3　Sulzer Mellapak 250Y、350Y 和 500Y 填料参数

填料种类	F 因子	每米填料理论板数 1/HETP	每块理论板压降/Pa	分离能力 S	填料堆密度/ (kg/m³)	填料比表面积/ (m²/m³)
250Y	2.6	2.5	110	6.5	200	250
350Y	2.2	3.5	57	7.7	280	350
500Y	1.8	4.0	75	7.2	300	500

表 7-4　压力容器公称直径(内径为基准)　　　　　　　　　　单位: mm

公称直径									
300	350	400	450	500	550	600	650	700	750

公称直径									
800	850	900	950	1000	1100	1200	1300	1400	1500
1600	1700	1800	1900	2000	2100	2200	2300	2400	2500
2600	2700	2800	2900	3000	3100	3200	3300	3400	3500
3600	3700	3800	3900	4000	4100	4200	4300	4400	4500
4600	4700	4800	4900	5000	5100	5200	5300	5400	5500
5600	5700	5800	5900	6000	6100	6200	6300	6400	6500
6600	6700	6800	6900	7000	7100	7200	7300	7400	7500
7600	7700	7800	7900	8000	8100	8200	8300	8400	8500
8600	8700	8800	8900	9000	9100	9200	9300	9400	9500
9600	9700	9800	9900	10000	10100	10200	10300	10400	10500
10600	10700	10800	10900	11000	11100	11200	11300	11400	11500
11600	11700	11800	11900	12000	12100	12200	12300	12400	12500
12600	12700	12800	12900	13000	13100	13200			

注：本标准并不限制除本标准直径系列外其他直径圆筒的使用。

（2）板式塔的设计和校核

从精馏塔的水力学数据中的液相负荷（图 7-75）可以看出，精馏段除了第 1 块塔板体积流率大于 9m³/h，其余塔板均小于 7m³/h；提馏段塔板体积流率大于 12m³/h。根据表 7-5 中的经验数据，精馏段选择塔板上液流 U 型流型最合适，提馏段可以选择单流型。但是由于 Aspen Plus 数据库中塔板形式仅有泡罩塔板、简单筛孔塔板和浮阀塔板，板上液流型没有 U 型流型，只能选通道数，所以本例题选择单流型简单筛板塔进行设计。

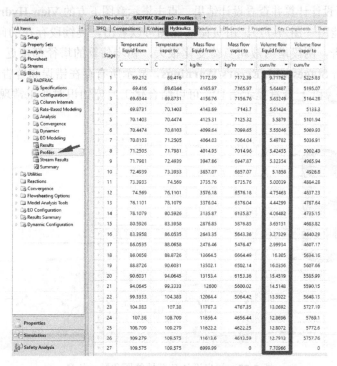

图 7-75　精馏塔水力学数据

表 7-5　塔板上液流型的选择

塔径/mm	液体流率/(m³/h)			
	U 型流型	单流型	双流型	阶梯流型
600	5 以下	5~25		
800	7 以下	7~50		
1000	7 以下	45 以下		
1200	9 以下	9~70		
1400	9 以下	70 以下		
1600	10 以下	11-80		
2000	11 以下	90 以下	90~160	
2400	11 以下	110 以下	110~180	
3000	11 以下	110 以下	110~200	200~300
4000	11 以下	110 以下	110~230	230~350
5000	11 以下	110 以下	110~250	250~400
6000	11 以下	110 以下	110~250	250~450

步骤 1：输入塔段参数，进行初步设计。进入 **Blocks | RADFRAC | Column Internals** 页面，点击 **Add New** 按钮，新建一个塔内件默认命名 INT-1，进入 **Blocks | RADFRAC | Column Internals | INT-1 | Sections**，点击 **Add New** 按钮，新建一个塔段 CS-1。Aspen Plus 塔内构件设计默认是交互尺寸计算模式，默认选项是单流型筛板，所以在 CS-1 表单中输入起始塔板数 2，终止塔板数 26，即得到估算的板间距和塔径，如图 7-76 所示。

Name	Start Stage	End Stage	Mode	Internal Type	Tray/Packing Type	Tray Details		Packing Details			Tray Spacing/Section Packed Height	Diameter
						Number of Passes	Number of Downcomers	Vendor	Material	Dimension		
▶ CS-1	2	26	Interactive sizing	Trayed	SIEVE	1					0.6096 meter	0.982515 meter

图 7-76　板式塔塔段参数设置

步骤 2：运行设计计算并查看设计结果。点击塔示意图下方的 **View Hydraulic Plots** 按钮，可以查看负荷性能图（图 7-77）。由负荷性能图可以看出，提馏段存在的问题不大，精馏段出现了错误和警告，两段塔内液相负荷变化很大，初步估算的塔径都接近 1m，但是需要分段设计塔板。点击 **Stages with Errors/Warnings**，显示所有存在错误和警告的塔板负荷性能，分别点击图中的 ⊗ 和 ⚠ 查看提示信息，可以结合化工原理知识对非正常现象进行分析。

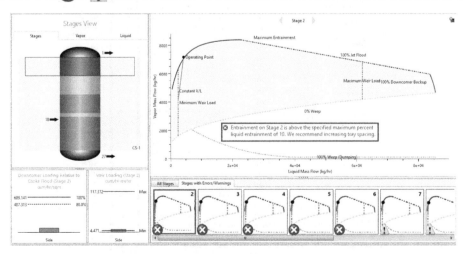

图 7-77　初步设计负荷性能图和提示信息

系统提示第 2～6 块塔板雾沫夹带大于设定的 10%最大液相雾沫夹带上限；第 7～11 块塔板雾沫夹带量接近最大10%雾沫夹带量的限制。原因是气速过大，需要调大塔径。第 17 块塔板液相流速小于设定的最小堰负荷流速 4.471m³/(h·m)。原因是液相负荷过小，这种情况可以尝试将筛孔塔板换成栅板、舌形板或者文丘里式板，但数据库中没有。此外，可以用齿形堰（Picketed）代替平堰，以避免板上液相分布不均匀。

步骤 3：调整设计参数并校核塔板。根据液相负荷和负荷性能图分析结果，进一步将精馏段液相负荷很小的 13～17 块塔板分成一个塔段，全塔塔板结构分三段设计：第 2～12 块塔板、第 13～17 块塔板和第 18～26 块塔板。进入 **Blocks | RADFRAC | Column Internals | INT-1 | Sections** 页面，点击 **Add New** 新建两个塔段 CS-2 和 CS-3 并进行参数设置。结果如图 7-78 所示。

Name	Start Stage	End Stage	Mode	Internal Type	Tray/Packing Type	Tray Details		Packing Details			Tray Spacing/Section Packed Height	Diameter	Details	
						Number of Passes	Vendor	Material	Dimension					
CS-1	2	12	Rating	*Trayed*	*SIEVE*	1					0.45 meter	1.1 meter	View	✕
CS-2	13	17	Rating	*Trayed*	*SIEVE*	1					0.4 meter	1.1 meter	View	✕
CS-3	18	26	Rating	*Trayed*	*SIEVE*	1					0.6 meter	1 meter	View	✕

图 7-78 塔段参数设置

分别进入 **Blocks | RADFRAC | Column Internals | INT-1 | Sections | CS-1/CS-2/CS-3 | Geometry** 页面，切换到校核（Rating）模式，根据常用塔径系列 CS-1 和 CS-2 选择统一塔径 1.1m，CS-3 选择 1.0m。随时查看负荷性能图和水力学校核结果，按照需要调整板间距，同时根据需要调整侧壁降液管宽度（Side Downcomer Width）/侧壁堰长（Side Weir Length）、孔面积/有效面积（Hole area/Active area）和齿形堰分率（Picketing fraction）。各参数具体估算办法参看相关手册或书籍。最终调整的参数见图 7-79～图 7-81。

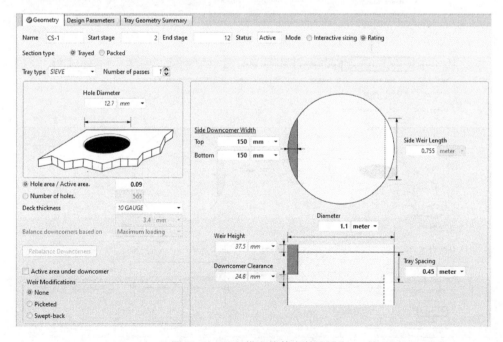

图 7-79 CS-1 塔段校核参数设置

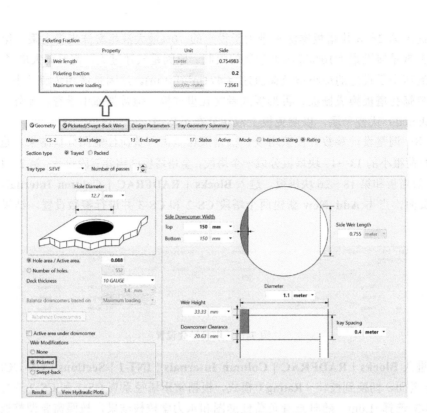

图 7-80　CS-2 塔段校核参数设置

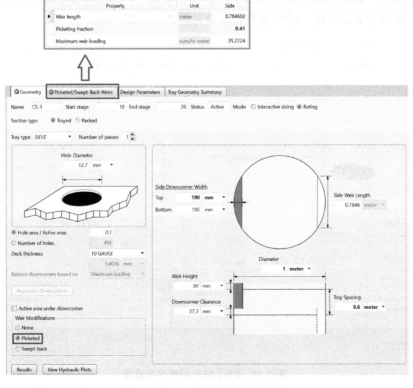

图 7-81　CS-3 塔段校核参数设置

步骤 4：运行模拟和查看结果。图 7-82 为校核后的筛板负荷性能图，没有错误和警告出现。表 7-6 截取了 **Blocks | RADFRAC | Column Internals | INT-1 | Sections | CS-1/CS-2/CS-3 | Results | By Tray** 表单中关键的水力学数据校核结果，可以看出，板式塔每块塔板最大液泛因子（% Jet flood）均应介于 60%～85% 之间，降液管持液量（充气）百分率 [% Downcomer backup（Aerated）] 在 20%～50% 之间，降液管液体表观停留时间（Side downcomerapparent residence time）均大于 3s。水力学数据均在合理范围，筛板参数设计合理。

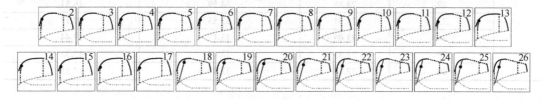

图 7-82　校核之后的筛板负荷性能图

❖ **注意：**

① 当塔内上下段气（液）相负荷变化较大时，可以根据需要分段改变开孔率，使全塔有较好的操作稳定性。

② 化工生产中常用的塔板间距为 200mm、250mm、300mm、350mm、400mm、450mm、500mm、600mm、700mm、800mm。当气速较大时，800mm 直径以上的塔器，也可以选 500mm 以上的板间距。塔径与塔板间距的经验关系如表 7-7 所示。

③ 板式塔每块塔板最大液泛因子均应介于 60%～85% 之间。

④ 降液管持液量（充气）百分率应该在 20%～50% 之间。

⑤ 对于溢流型板式塔，低发泡系统降液管液体表观停留时间 >3s，高发泡系统 >5s。

表 7-6　筛板塔关键水力学数据校核结果

塔段	塔板层数	最大液泛因子/%	降液管持液量（充气）百分率/%	降液管液体表观停留时间/s
CS-1	2	73.83	37.36	22.34
	3	73.51	37.22	22.39
	4	73.17	37.06	22.46
	5	72.80	36.89	22.56
	6	72.39	36.68	22.72
	7	71.92	36.44	22.93
	8	71.36	36.15	23.24
	9	70.70	35.79	23.68
	10	69.89	35.35	24.31
	11	68.89	34.78	25.22
	12	67.62	34.07	26.52
CS-2	13	71.32	38.38	25.23
	14	69.28	37.04	27.57
	15	66.98	35.60	30.69
	16	64.77	34.27	34.24

塔段	塔板层数	最大液泛因子/%	降液管持液量（充气）百分率/%	降液管液体表观停留时间/s
	17	63.04	33.29	37.37
	18	84.42	41.39	13.76
	19	83.27	40.59	14.00
	20	81.09	39.00	14.52
CS-3	21	77.82	36.66	15.46
	22	74.89	34.59	16.51
	23	73.51	33.55	17.17
	24	73.05	33.17	17.44
	25	72.83	33.04	17.52
	26	72.65	32.97	17.55

表 7-7　塔径与塔板间距的关系　　　　　　　　　　　　　单位：mm

塔径 D	300～500	500～800	800～1600	1600～2000	2000～2400	>2400
塔板间距 H_T	200～300	250～350	300～450	450～600	500～800	≥800

7.4 吸收单元模拟

RadFrac 模块也可以用于模拟物理吸收和化学吸收过程，其操作方式与模拟精馏过程相似，现通过例 7-6 进行简要说明。

例 7-6 某复合车间，空气的温度为 30℃，压力为 1atm，组成为（摩尔分数）：丙酮 0.02、氮气 0.75、氧气 0.23。按环保要求，将丙酮降低到 261mg/m³ 以下（质量分数约为 0.0002235），选用 25℃、1atm 的水作为吸收剂吸收空气中的丙酮，吸收塔常压操作，10 块理论板，空气进料流率 100kmol/h，求最小的用水量。物性方法选用 NRTL-RK。

解：用 RadFrac 模块进行吸收单元模拟计算类似于做一次设计型计算，与精馏过程模拟类似，步骤如图 7-83 所示。

步骤 1：全局性参数设置。启动 Aspen Plus，选择 **Gas Processing with Metric Units**，文件保存为 Example 7.6.apw。进入 **Properties | Setup | Specifications | Global** 页面，在 Title 选框中输入 Absorber。

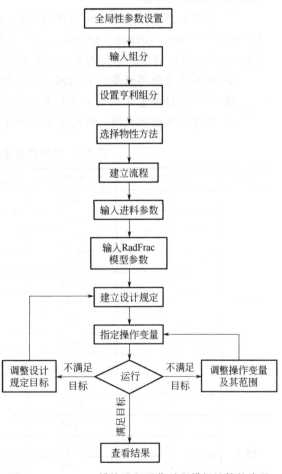

图 7-83　RadFrac 模块进行吸收过程模拟计算的步骤

步骤 2：输入组分信息。单击 **Next** 按钮，进入组分输入页面，在 Component ID 中输入 WATER、ACETONE、N2 和 O2，结果见图 7-84。

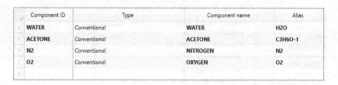

图 7-84 组分输入结果

步骤 3：设置亨利组分。亨利组分的指定对于吸收过程非常关键，对于某些体系不指定亨利组分会导致很大误差。一般吸收过程中，气相中不凝（non-condensable）组分和处于超临界状态的组分应被指定为亨利组分。进入 **Properties | Components | Henry Comps** 页面，点击表单左上角 **New**，新建一个名为 HC-1 的亨利组分组，从备选组分（Available components）表单选择 N2 和 O2 移到右侧选定组分表单（Selected components），指定为亨利组分，结果如图 7-85 所示。

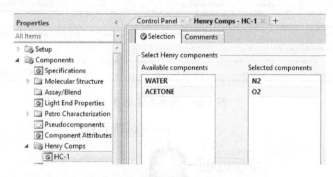

图 7-85 指定亨利组分

步骤 4：选择物性方法。进入 **Properties | Methods | Specifications | Global** 页面，在 Method filter 中选择 ALL，Base method 中选择 NRTL-RK（图 7-86），此时需要确定水和丙酮的 NRTL 二元相互作用参数，Methods 和 Parameters 目录均显示红色，点击两次 **Next** 按钮，系统会自动调用数据库 APV100 BINARY、APV100 HENRY-AP、APV100 VLE-RK 参数填充到 HENRY-1 和 NRTL-1 中。

步骤 5：建立流程。由左下角导航栏切换到模拟模式，选择 RadFrac 模块中的 ABSBR1 模型建立吸收工艺流程（图 7-87）。

步骤 6：输入进料信息。点击 **Next**，进入 **Streams | AIRIN | Input | Mixed** 页面，设置温度 30℃，压力 1atm，流率 100kmol/h，组成（摩尔分数）：丙酮 0.02，氮气 0.75，氧气 0.23。点击 **Next**，进入 **Streams | WATERIN | Input | Mixed** 页面，设置温度 25℃，压力 1atm，流率初值 100kmol/h，组成（摩尔分数）：水 1。

步骤 7：设置吸收塔操作条件。点击 **Next**，进入 **Blocks | ABSORBER | Specifications | Setup | Configuration** 页面，输入计算类型为 Equilibrium，10 块理论板，无冷凝器和再沸器，如图 7-88 所示。

点击 **Next**，进入 **Blocks | ABSORBER | Specifications | Setup | Streams** 页面，设置空气进料位置为第 11 块塔板之上（Above-Stage，表示空气从第 10 块塔板下方进料），水进料位

置为第 1 块塔板（On-Stage），如图 7-89 所示。

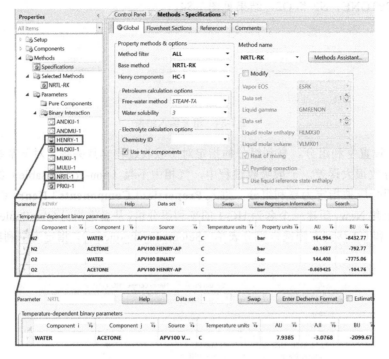

图 7-86　物性方法选择

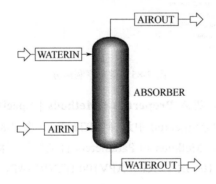

图 7-87　吸收工艺流程图

点击 **Next**，进入 **Blocks | ABSORBER | Specifications | Setup | Pressure** 页面，设置第 1 块塔板压力为 1atm，如图 7-90 所示。

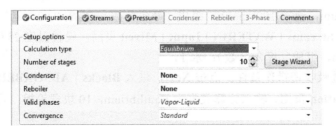

图 7-88　吸收塔配置参数设置

图 7-89　吸收塔进料位置设置

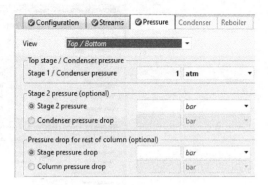

图 7-90　吸收塔操作压力设置

❖ **注意：**

① 至此，在不考虑分离要求的情况下，流程模拟信息设置完毕，点 Next 或 Run 按钮即可运行流程计算，相当于一次操作型计算。

② 吸收塔原则上不设置冷凝器和再沸器。在没有冷凝器的情况下，液相进料必须在第 1 块塔板。没有再沸器的情况下，气相必须塔底进料，可设为 Above N+1 或 Vapor N（N 为吸收塔设定的塔板数）。

③ 吸收的计算收敛性比精馏过程差，如果在 Blocks | ABSORBER | Specifications | Setup | Configuration 页面，Convergence 选择 "Standard"，在默认情况下不收敛时，进入 Blocks | ABSORBER | Convergence | Basic 表单，将最大迭代次数从默认的 25 次，调整到最大允许值 200 次。将 Blocks | ABSORBER | Convergence | Advanced 表单中第一行的 Absorber 值修改为 "YES"，对吸收过程的收敛也会有所帮助（图 7-91）。

如上设置仍不能收敛时，说明采用 Standard 收敛算法不合适，此时，需要将 Blocks | ABSORBER | Specifications | Setup | Configuration 页面的 Convergence 选择 "Custom"，确认 Blocks | ABSORBER | Convergence | Advanced 表单中第一行的 Absorber 值为 "NO" 的情况下，将 Blocks | ABSORBER | Convergence | Basic 表单的第一行的算法（Algorithm）设置为流率加和算法（Sum-Rates），此算法对于宽沸程混合物、组分多，并设置了设计规定的情况比较适用（图 7-92）。

也可以尝试在 Blocks | ABSORBER | Specifications | Setup | Configuration 页面中 Convergence 选择 "Strongly non-ideal liquid" 方法。

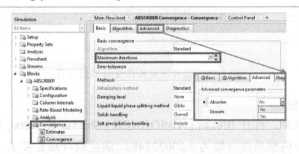

图 7-91　标准收敛方法时设置迭代次数和吸收剂选项

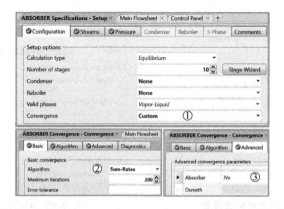

图 7-92　流率加和（Sum-Rates）收敛方法设置

步骤 8：添加设计规定。为了满足题目要求，使净化气中丙酮含量降到 261mg/m³ 以下，需要添加一个设计规定，净化气中丙酮质量分数 0.0002235。进入 **Blocks | ABSORBER | Specifications | Design Specifications** 页面，新建一个设计规定"1"，并设置净化气 AIROUT 中丙酮质量分数为 0.0002235（图 7-93）。进入 **Blocks | ABSORBER | Specifications | Vary** 页面，新建一个操作变量"1"，设置进口水的流率 WATERIN 在 0.001～5 MMscmh（millions of standard cubic meters per hour）之间调整，如图 7-94 所示。

图 7-93　设计规定因变量参数设置

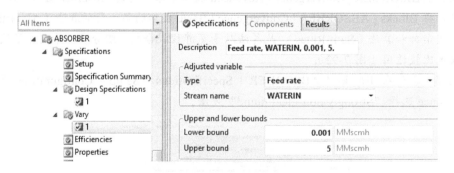

图 7-94　设计规定操作变量参数设置

步骤 9：运行流程。

步骤 10：查看结果。打开 **Blocks | ABSORBER | Stream Results | Material**（图 7-95），可以看到 AIROUT 中丙酮质量分数为 0.000223483，满足设计规定要求。另外，通过 AIROUT 中丙酮质量流率（Mass Flow）和 AIROUT 体积流率（Volume Flow）也可以核算出丙酮浓度为 261.24mg/m³。此时，吸收剂水的最小用量为 4.45173t/h。

Material | Heat | Load | Work | Vol.% Curves | Wt. % Curves | Petroleum | Polymers | Solids

	Units	AIRIN	WATERIN	AIROUT	WATEROUT
Enthalpy Flow	Gcal/hr	-0.0996342	-16.8682	-0.187647	-16.7808
Average MW		29.5314	18.0153	28.6023	18.3396
+ Mole Flows	kmol/hr	100	247.109	101.246	245.863
+ Mole Fractions					
− Mass Flows	tonne/hr	2.95314	4.45173	2.89586	4.50901
WATER	tonne/hr	0	4.45173	0.0583442	4.39339
ACETONE	tonne/hr	0.11616	0	0.000647176	0.115513
N2	tonne/hr	2.10101	0	2.10094	6.75561e-05
O2	tonne/hr	0.735972	0	0.735926	4.63752e-05
− Mass Fractions					
WATER		0	1	0.0201475	0.974357
ACETONE		0.0393344	0	0.000223483	0.0256182
N2		0.711449	0	0.725499	1.49824e-05
O2		0.249217	0	0.25413	1.0285e-05
Volume Flow	cum/hr	2485.99	4.4788	2477.35	4.5563
+ Vapor Phase					

图 7-95 物流结果

7.5 液液萃取单元模拟

萃取（Extract）模块是一个严格法萃取塔模拟模块，可以进行校核型计算（操作型计算）和设计型计算，现通过例 7-7 进行简要说明。

例 7-7 待处理的含甲乙酮的废水，由于水和甲乙酮形成共沸物，所以采用正辛醇萃取水中的甲乙酮进行回收。废水的温度为 25℃，压力为 1atm，处理量为 100kg/h，组成（质量分数）为：甲乙酮 20%，水 80%。萃取剂正辛醇为纯物质，进料温度 25℃，压力 1atm。萃取塔常压操作，10 块理论板。现要求塔顶回收废水中甲乙酮的质量分数为 99.0%，求最小的正辛醇用量。物性方法选择 UNIFAC。

解： 用 Extract 模块进行萃取过程模拟计算的步骤与用 RadFrac 模块进行设计型计算的步骤类似，主要区别在于 Extract 与 RadFrac 模型参数设置内容不同。

步骤 1： 全局性参数设置。启动 Aspen Plus，选择 **Chemicals with Metric Units**，文件保存为 Example 7.7.apw。进入 **Properties | Setup | Specifications | Global** 页面，在 Title 选框中输入 EXTRACT。

步骤 2： 输入组分信息。单击 **Next**，进入组分输入页面，添加组分，如图 7-96 所示。

	Component ID	Type	Component name	Alias
▶	WATER	Conventional	WATER	H2O
▶	OCTANOL	Conventional	1-OCTANOL	C8H18O-1
▶	MEK	Conventional	METHYL-ETHYL-KETONE	C4H8O-3

图 7-96 组分输入结果

步骤 3： 选择物性方法。进入 **Properties | Methods | Specifications | Global** 页面，在 Base method 中选择 UNIFAC。因为系统默认选择 NRTL 方法，所以在 **Properties | Methods | Selected Methods** 下会有 NRTL，为了避免调用相关数据库可以将其删除。点击 **Next**，系统提示物性输入结束，可以运行物性分析，这里建议运行物性分析检查参数是否有缺失。

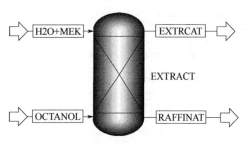

图 7-97 流程图

        步骤 4：建立流程。由左下角导航栏切换到模拟模式，在 **Columns** 模型面板中选择 Extract 模型，用物流线连接，建立图 7-97 所示的流程。

        步骤 5：输入进料信息。点击 **Next**，进入 **Streams | H2O+MEK | Input | Mixed** 页面，设置温度 25℃，压力 1atm，流率 100kg/h，组成（质量分数）：水 0.8，甲乙酮（MEK）0.2。点击 **Next**，进入 **Streams | OCTANOL | Input | Mixed** 页面，设置温度 25℃，压力 1atm，流率初值 100kmol/h，组成（质量分数）：正辛醇 1。

        步骤 6：设置萃取塔操作条件。点击 **Next**，进入 **Blocks | EXTRACT | Setup | Specs** 页面，输入 10 块理论板，选择绝热（Adiabatic），如图 7-98 所示。

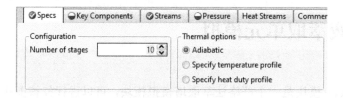

图 7-98 萃取塔设置

        点击 **Next**，进入 **Blocks | EXTRACT | Setup | Key Components** 页面，第一液相关键组分选择水，第二液相关键组分选择正辛醇，如图 7-99 所示。

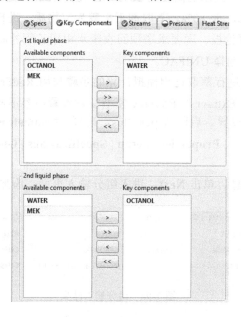

图 7-99 关键组分选择

点击 **Next**，进入 **Blocks | EXTRACT | Setup | Streams** 页面，已经默认输入了各流股的位置，如图 7-100 所示。

点击 **Next**，进入 **Blocks | EXTRACT | Setup | Pressure** 页面，输入第一块塔板压力为 1atm，如图 7-101 所示。

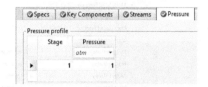

图 7-100　物流进料位置设置　　　　　　　　　　图 7-101　萃取塔压力设置

点击 **Next**，进入 **Blocks | EXTRACT | Estimates | Temperature** 页面，输入第一块塔板温度 25℃，如图 7-102 所示。

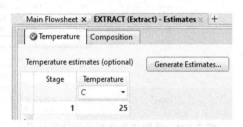

图 7-102　萃取塔温度设置

❖ **注意：**

① 在不考虑分离要求的情况下，流程模拟信息设置完毕，点击"Next"或"Run"按钮即可运行流程计算，相当于一次操作型计算，运行物流结果见图 7-103。可以看出，甲乙酮的回收率已经远大于 99.0%（质量分数），正辛醇的用量已经过量，我们通过添加一个设计规定求最小正辛醇用量。Extract 模块不像 RadFrac，内部没有设计规定，所以需要设置全局规定。

② Extract 模块中规定第一液相由塔顶进料从塔底流出，即萃余物；第二液相由塔底进料从塔顶流出，即萃取物。每一个液相的关键组分是由浓度决定的，与密度无关，在 Streams 表单中，系统会自动规定两个液相，查看即可。所以，本例题中，第一液相的关键组分是水，第二液相的关键组分是正辛醇。

③ Blocks | EXTRACT | Setup | Pressure 表单和 Blocks | EXTRACT | Estimates | Temperature 表单中至少要估算一块塔板的操作温度，输入已知的准确数据对模拟计算有很大帮助。

步骤 7：添加设计规定。为了满足题目中要求正辛醇用量降到最低，可以通过设计型计算完成，需要添加一个全局设计规定，使萃取物 EXTRACT 中甲乙酮的回收率达到 99.0%（质量分数）。

Main Flowsheet × | Control Panel × | EXTRACT (Extract) - Stream Results (Boundary) × | +

Material | Heat | Load | Vol.% Curves | Wt. % Curves | Petroleum | Polymers | Solids

	Units	H2O+MEK	OCTANOL	EXTRCAT	RAFFINAT
Maximum Relative Error					
Cost Flow	$/hr				
− MIXED Substream					
Phase		Liquid Phase	Liquid Phase	Liquid Phase	Liquid Phase
Temperature	C	25	25	24.7439	25.634
Pressure	bar	1.01325	1.01325	1.01325	1.01325
Molar Vapor Fraction		0	0	0	0
Molar Liquid Fraction		1	1	1	1
Molar Solid Fraction		0	0	0	0
Mass Vapor Fraction		0	0	0	0
Mass Liquid Fraction		1	1	1	1
Mass Solid Fraction		0	0	0	0
Molar Enthalpy	kcal/mol	-68.0817	-102.606	-85.1855	-68.2594
Mass Enthalpy	kcal/kg	-3212.12	-787.879	-1002.17	-3782.99
Molar Entropy	cal/mol-K	-42.2611	-232.322	-146.942	-38.9758
Mass Entropy	cal/gm-K	-1.9939	-1.78393	-1.7287	-2.16007
Molar Density	mol/cc	0.0447839	0.00633095	0.00994871	0.055027
Mass Density	kg/cum	949.207	824.482	845.651	992.895
Enthalpy Flow	Gcal/hr	-0.321212	-0.0787879	-0.128513	-0.271487
Average MW		21.1952	130.23	85.0011	18.0438
+ Mole Flows	**kmol/hr**	**4.71804**	**0.76787**	**1.50863**	**3.97729**
+ Mole Fractions					
− Mass Flows	**kg/hr**	**100**	**100**	**128.235**	**71.7652**
WATER	kg/hr	80	0	8.36627	71.6337
OCTANOL	kg/hr	0	100	99.8685	0.131498
MEK	kg/hr	20	0	20	1.51177e-06
− Mass Fractions					
WATER		0.8	0	0.0652418	0.998168
OCTANOL		0	1	0.778794	0.00183234
MEK		0.2	0	0.155964	2.10655e-08
Volume Flow	cum/hr	0.105351	0.121288	0.15164	0.0722787

图 7-103　萃取塔操作型计算物流结果

从左侧导航栏进入 **Flowsheeting Options | Design Specs** 页面，新建一个设计规定 DS-1［图 7-104（a）］，在 **Flowsheeting Options | Design Specs | DS-1 | Define** 页面中设置两个变量——FMEKR 和 FMEKIN，FMEKR 为 EXTRACT 物流中 MEK 的质量流率，FMEKIN 为 H2O+MEK 物流中 MEK 的质量流率［图 7-104（b）和（c）］。

进入 **Flowsheeting Options | Design Specs | DS-1 | Fortran** 页面输入一个回收率的计算公式：REC=FMEKR/FMEKIN*100［图 7-104（d）］。

在 **Flowsheeting Options | Design Specs | DS-1 | Spec** 页面中第一行设计规定项目（Spec）输入回收率（REC），第二行目标（Target）设定为 99，第三行容差（Tolerance）为 10^{-4}［图 7-104（e）］。

在 **Flowsheeting Options | Design Specs | DS-1 | Vary** 页面设置操作变量为萃取剂进料（OCTANOL）质量流率，调节下限是 10，上限是 100［图 7-104（f）］。下限过高会导致错误，可以尝试多调节几次。

步骤 8： 运行流程。

步骤 9： 查看结果。打开 **Flowsheeting Options | Design Specs | DS-1 | Results** 页面（图 7-105），可以看到操作变量（MANIPULATED），即 OCTANOL，最小值为 21.8448kg/h 时，MEK 回收率达到 99.0%。

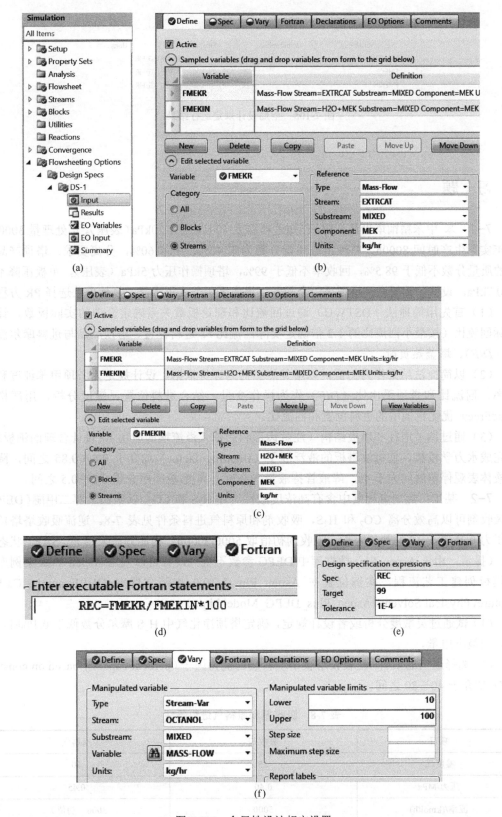

图 7-104　全局性设计规定设置

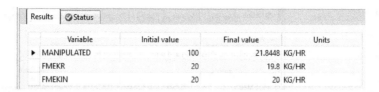

图 7-105　全局设计规定运行结果

 习　题

7-1　苯-甲苯精馏塔设计计算。已知进料温度 40℃，压力 20kPa（表压），年处理量 30000t，每年实际生产时间 8000h，料液组成质量分数为苯 40%、甲苯 60%，分离要求：塔顶产品中苯的质量分数不低于 98.5%，回收率不低于 99%，塔顶操作压力 5kPa（表压），单板压降不大于 0.7kPa，设计一筛板塔，塔顶采用全凝器，塔底采用釜式再沸器。物性方法选择 PR 方程。

（1）首先用简捷法（DSTWU）通过回流比和理论板数关系确定合理的实际板数，计算实际回流比（按最小回流比的 1.2 倍确定实际回流比）、进料位置、塔顶产品与进料摩尔流率比（D/F）、塔釜热负荷。

（2）以简捷法结果作为初值，以塔釜热负荷为评价依据，设计规定为塔顶甲苯纯度和回收率，回流比和塔顶采出比（D/F）作为操作变量，结合进料位置灵敏度分析，用严格法（RadFrac）优化精馏塔的进料位置和回流比。

（3）通过调节塔径和塔板结构（注意齿形和后掠式溢流堰的应用），设计合理的筛板塔，并完成水力学校核，使每块塔板的液泛因子（flooding factor）均介于 0.6～0.85 之间，降液管液体表观停留时间大于 4s，降液管持液量（高度）高度/板间距介于 0.2～0.5 之间。

7-2　某工厂煤制氢尾气中含有高浓度酸性气体 H_2S 和 CO_2，以聚乙二醇二甲醚（DEPG）为吸收剂可以高效分离 CO_2 和 H_2S，吸收剂和原料气进料条件见表 7-8。逆流吸收塔塔顶操作压力 0.4MPa，10 块理论塔板，吸收剂初值取 5000kmol/h，物性方法采用 PC-SAFT 状态方程。（提示：由于 Aspen Plus 数据库中 DEPG 参数不全，读者可以采用 Aspen Plus 案例库中的模板创建工艺流程，案例位置在 Aspen Plus V10.0 安装文件夹 GUI\Examples\Carbon Capture\ Physical Solvents\Aspen_Plus_DEPG_Model.bkp。）

（1）试通过灵敏度分析或者设计规定，确定塔顶净化气中 H_2S 摩尔分数低于 0.1% 时，吸收剂的最小用量。

（2）选择适当的填料，使吸收塔整个填料层的能力因子（percent capacity based on constant L/V）均介于 40～80 之间。

表 7-8　吸收剂和原料气进料条件

项目	吸收剂	原料气
温度/℃	25	40
压力/MPa	0.40	0.45
流率/(kmol/h)	5000	3000（初值）

项目		吸收剂	原料气
组分（摩尔分数）/%	DEPG	100	0
	CO_2	0	55
	N_2	0	15
	H_2S	0	30

7-3 待处理的含苯酚的废水，采用乙酸异丙酯萃取水中的苯酚进行回收。污水的温度30℃，压力 1bar，组成（摩尔分数）为水 95%、苯酚 5%，处理量 100kmol/h。塔底加入的萃取剂乙酸异丙酯为纯物质，进料温度 30℃，压力 1.2bar。逆流萃取塔常压操作，10 块理论板。现要求塔底净化水中苯酚的摩尔分数降低到 0.00001，利用设计规定或者灵敏度分析求最小萃取剂用量。物性方法选择 UNIQUAC。

第8章

反应器模拟

在化工生产中，化学反应是整个过程的核心。Aspen Plus 提供了 7 个不同类型的反应器模块（图 8-1）。每个模块的简介、功能和适用对象详见表 8-1。

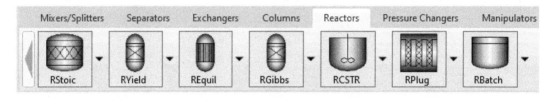

图 8-1　反应器（Reactors）模块

表 8-1　反应器模块简介

模块	说明	功能	适用对象
RStoic	化学计量反应器	基于化学计量关系的反应器，需指定反应程度或某一反应物的转化率	反应动力学数据未知或不重要，但是化学计量关系和反应程度已知的反应器
RYield	产率反应器	模拟规定产率的反应器	反应化学计量关系和动力学未知或不重要，但是产率分布已知的反应器
REquil	平衡反应器	基于化学计量关系计算化学平衡和相平衡	化学平衡和相平衡同时发生的反应器
RGibbs	吉布斯反应器	通过吉布斯自由能最小化计算化学平衡和相平衡	相平衡或化学平衡和相平衡同时发生的反应器，对固体溶液和气-液-固系统计算相平衡
RCSTR	全混釜反应器	模拟全混釜反应器	单相、两相和三相全混釜反应器，反应可以发生在任一相中，基于已知的化学计量关系和动力学方程的速率控制和平衡反应
RPlug	平推流反应器	模拟平推流反应器	单相、两相和三相平推流反应器，反应可以发生在任一相中，基于已知的化学计量关系和动力学方程的速率控制和平衡反应
RBatch	间歇反应器	模拟间歇和半间歇反应器	单相、两相和三相间歇和半间歇反应器，反应可以发生在任一相中，基于已知的化学计量关系和动力学方程的速率控制和平衡反应

8.1 化学计量反应器

使用 RStoic 对反应器进行模拟计算时，对于该反应器，一般反应动力学未知或不重要，但每个反应的化学计量关系和反应程度或转化率是已知的。RStoic 可以模拟平行或串联反应。此外，RStoic 可以进行产品选择性和反应热的计算。下面以例 8-1 介绍 RStoic 的用法。

例 8-1 镍催化剂存在下，甲烷水蒸气重整反应为：

$$CH_4 + H_2O \longrightarrow CO + 3H_2$$

原料气中甲烷与水蒸气的摩尔比为 1:4，流量为 100kmol/h，原料气压力为 1bar，温度为 750℃。若反应在恒压及等温条件下进行，当反应器出口处 CH_4 转化率为 73%时，CO 和 H_2 的产量是多少？反应器热负荷是多少？物性方法选择 RK-SOAVE。

解：用 Aspen Plus 软件中的反应器模块"RStoic"计算。

步骤 1：全局性参数设置。启动 Aspen Plus，选择 **General with Metric Units**，文件保存为 Example 8.1.apw。进入 **Setup | Specifications | Global** 页面，在名称（Title）框中输入 RStoic。

步骤 2：输入组分信息。单击 **Next** 按钮，进入组分输入页面，在 Component ID 中输入 METHANE、WATER、CO 和 HYDROGEN。

步骤 3：选择物性方法。单击 **Next** 按钮，选择物性方法，选用 RK-SOAVE。点击 **Methods** 下的 **Parameters**，接着点击 **Binary Interaction** 确认二元交互作用参数。

步骤 4：建立流程。单击 **Next** 按钮，进入模拟页面，绘制流程图，如图 8-2 所示。

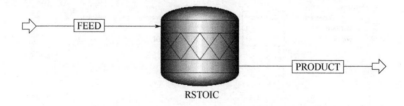

图 8-2　甲烷水蒸气重整 RStoic 反应器流程图

步骤 5：输入进料状态及组成。单击 **Next** 按钮或双击 **FEED** 物流线进入反应原料气物流输入页面，将原料气物流数值输入，如图 8-3 所示。Flash Type 中选择温度（Temperature）、压力（Pressure），输入温度、压力以及总流量和摩尔分数的值。

步骤 6：单击 **Next** 按钮，进入 **Blocks | RSTOIC | Setup | Specifications** 页面。输入反应器压力和温度，反应器有效相态选择 Vapor-Only，如图 8-4 所示。

步骤 7：单击 **Next** 按钮，进入 **Blocks | RSTOIC | Setup | Reactions** 页面。点击 **New** 按钮，出现 Edit Stoichiometry 对话框，建立化学计量方程式。在左侧 Reactants 的 Component 中选择反应物 METHANE 和 WATER，输入化学计量系数（Coefficient），同样在右侧 Products 的 Component 中选择产物 CO 和 HYDROGEN 以及化学计量系数。输入组分甲烷的转化率（Fractional conversion）为 0.73，如图 8-5 所示。

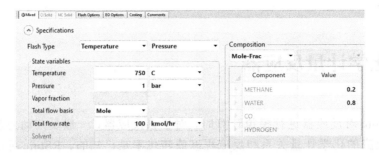

图 8-3　输入原料气信息

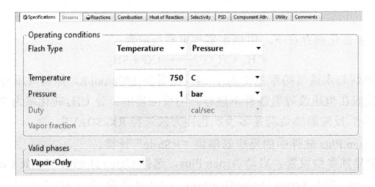

图 8-4　RStoic 反应器设置

❖ **注意**：Reactants 中 Coefficient 只能为负值，即使输入正值，系统也自动改为负值，而 Products 中 Coefficient 只能为正值。

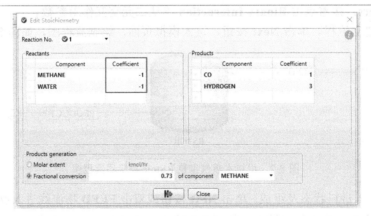

图 8-5　建立化学计量方程式

单击 **Next** 按钮，出现 RStoic 反应器化学计量反应方程式输入结果（图 8-6）。

图 8-6　RStoic 反应器设置结果

❖ **注意**：RStoic 反应器模块可以模拟平行反应和串联反应，模拟多个串联反应时，输入反应方程式后，勾选 Reactions occur in series。RStoic 反应器模块还可以计算反应热和产物的选择性。计算产物的选择性时，在 Blocks | RSTOIC | Setup | Selectivity 页面规定所选择的产物组分和参考的反应物组分。所选择的组分 P 对参考组分 A 的选择性规定为

$$S_{P,A} = \frac{\left[\dfrac{\Delta n_P}{\Delta n_A}\right]_{Real}}{\left[\dfrac{\Delta n_P}{\Delta n_A}\right]_{Ideal}}$$

式中，Δn_P 为反应导致的 P 组分物质的量的变化；Δn_A 为反应导致的参考组分 A 物质的量的变化；下标 Real 表示反应器中实际发生的变化，Aspen Plus 通过入口和出口之间的质量平衡获得该值；下标 Ideal 表示理想反应系统发生的变化，理想反应系统假设只存在从参考组分生成所选择组分的反应，而不发生其他反应。因此，分母表示在一个理想的化学计量方程中，每消耗 1mol 的组分 A 会产生多少摩尔的组分 P。

在多数情况下，选择性在 0 ~ 1 之间。如果所选择的组分由参考组分以外的其他组分生成，选择性会大于 1。如果所选择的组分在其他反应中消耗，选择性可能会小于 0。

步骤 8：运行流程。单击 **Next** 按钮，运行模拟。

步骤 9：查看计算结果。单击 **Home** 功能选项区的 **Stream Summary** 或从左侧目录进入 **Blocks | Stream Result | Material** 页面，如图 8-7，可以发现 PRODUCT 中 CO 和 H_2 的流量分别为 14.6kmol/h 和 43.8kmol/h。

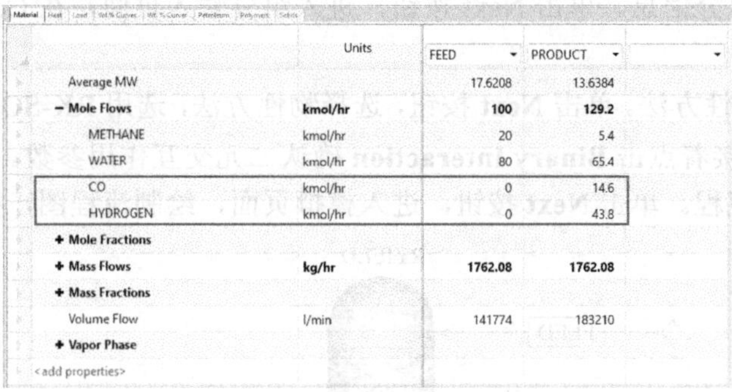

	Units	FEED	PRODUCT
Average MW		17.6208	13.6384
− Mole Flows	kmol/hr	**100**	**129.2**
METHANE	kmol/hr	**20**	5.4
WATER	kmol/hr	**80**	65.4
CO	kmol/hr	0	14.6
HYDROGEN	kmol/hr	0	43.8
+ Mole Fractions			
+ Mass Flows	kg/hr	**1762.08**	**1762.08**
+ Mass Fractions			
Volume Flow	l/min	141774	183210
+ Vapor Phase			
<add properties>			

图 8-7　查看物流 PRODUCT 结果

步骤 10：从左侧目录进入 **Blocks | RSTOIC | Results | Summary** 页面，如图 8-8 所示，可以发现反应器的热负荷为 913.766kW。

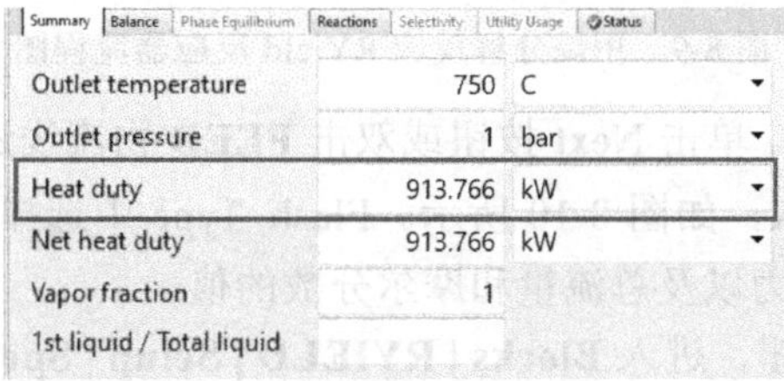

Summary	Balance	Phase Equilibrium	Reactions	Selectivity	Utility Usage	⊘ Status
Outlet temperature		750	C			
Outlet pressure		1	bar			
Heat duty		913.766	kW			
Net heat duty		913.766	kW			
Vapor fraction					1	
1st liquid / Total liquid						

图 8-8　查看 RStoic 反应器热负荷

8.2 产率反应器

产率反应器（RYield）是用来模拟化学反应计量关系和化学反应动力学未知或不重要，产量分布已知的反应器。用户必须指定产品的产率（单位质量的总进料的产品物质的量或者质量，不包括任何惰性成分）或者由用户提供的 Fortran 子程序计算产率。如果用户在"**Setup | Yield**"上指定了惰性组分，产率将基于非惰性原料的单位质量。RYield 模块将产率归一化，以保持质量平衡。RYield 反应器可以模拟单相、两相和三相反应器。当反应产生固体或固体量发生改变时，可以使用 Comp. Attr.和 PSD 来指定出口物流组分属性和/或粒度分布。下面以例 8-2 介绍 RYield 的用法。

例 8-2 甲烷在一定条件下分解成乙炔和氢气，反应方程式为：

$$2CH_4 \longrightarrow C_2H_2 + 3H_2$$

甲烷流量为 100kmol/h，压为为 1bar，温度为 1500℃。若反应在恒压及等温条件下进行，反应器出口物流中 $CH_4 : C_2H_2 : H_2$ 的摩尔比为 3:2:6，计算 C_2H_2 和 H_2 的产量是多少？反应器热负荷是多少？物性方法选择 RK-SOAVE。

解：用 Aspen Plus 软件中的反应器模块"RYield"计算。

步骤 1：全局性参数设置。启动 Aspen Plus，选择 **General with Metric Units**，文件保存为 Example 8.2.apw。进入 **Setup | Specifications | Global** 页面，在名称（Title）框中输入 RYield。

步骤 2：输入组分信息。单击 **Next** 按钮，进入组分输入页面，在 Component ID 中输入 CH4、C2H2 和 H2。

步骤 3：选择物性方法。单击 **Next** 按钮，选择物性方法，选用 RK-SOAVE。点击 **Methods** 下的 **Parameters**，接着点击 **Binary Interaction** 确认二元交互作用参数。

步骤 4：建立流程。单击 **Next** 按钮，进入模拟页面，绘制流程图，如图 8-9 所示。

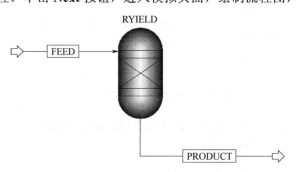

图 8-9　甲烷分解反应 RYield 反应器流程图

步骤 5：输入进料信息。单击 **Next** 按钮或双击 **FEED** 物流线进入反应原料气物流输入页面，将原料气物流信息输入，如图 8-10 所示。Flash Type 中选择温度（Temperature）、压力（Pressure），输入温度、压力以及总流量和摩尔分数的值。

步骤 6：单击 **Next** 按钮，进入 **Blocks | RYIELD | Setup | Specifications** 页面。输入反应器压力和温度，反应器有效相态选择 Vapor-Only，如图 8-11 所示。

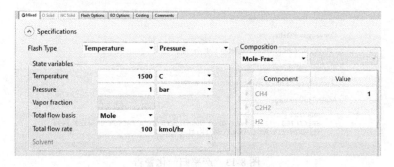

图 8-10　输入原料气信息

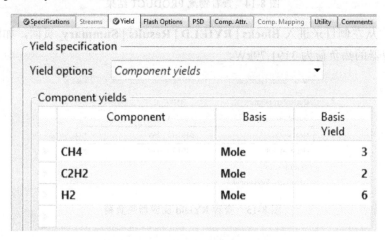

图 8-11　RYield 反应器设置

步骤 7：单击 **Next** 按钮，进入 **Blocks | RYIELD | Setup | Yield** 页面。选择产率选项为组分产率（Component yields），输入各组分产率，如图 8-12 所示。

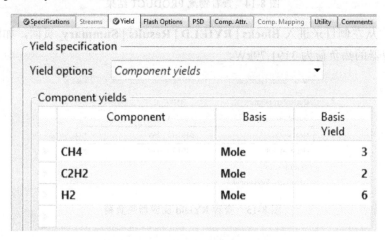

图 8-12　RYield 反应器产率设置

步骤 8：运行流程。单击 **Next** 按钮，运行模拟。

❖ **注意**：此时有一个 WARNING，提示为了保证整体的物料平衡，产率已被归一化，如图 8-13 所示。

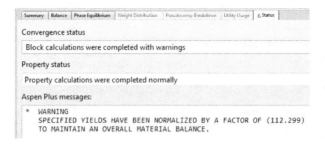

图 8-13　产率归一化警告

步骤 9：查看计算结果。单击 **Home** 功能选项区的 **Stream Summary** 或从左侧目录进入 **Blocks | Streams Result | Material** 页面，如图 8-14，可以发现 PRODUCT 中 C_2H_2 和 H_2 的流量分别为 28.5714kmol/h 和 85.7143kmol/h。

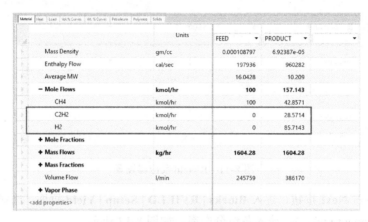

图 8-14　查看物流 PRODUCT 结果

步骤 10：从左侧目录进入 **Blocks | RYIELD | Results | Summary** 页面，如图 8-15 所示，可以发现反应器的热负荷为 3191.79kW。

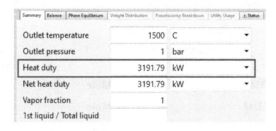

图 8-15　查看 RYield 反应器热负荷

8.3　平衡反应器

平衡反应器（REquil）是用来模拟化学反应的化学计量关系已知并且部分或全部反应达

到化学平衡的反应器。REquil 同时计算相平衡和化学平衡。REquil 模块由 Gibbs 自由能计算平衡常数，通过规定摩尔反应进度（molar extend）或平衡温距（temperature approach）来限制平衡。REquil 可以模拟单相和两相反应器。下面以例 8-3 介绍 REquil 的用法。

例 8-3 镍催化剂存在下，甲烷水蒸气重整反应为：

$$CH_4 + H_2O \longrightarrow CO + 3H_2$$

原料气中甲烷与水蒸气的摩尔比为 1:4，流量为 100kmol/h。若反应在恒压及等温条件下进行，系统总压为 1bar，温度为 750℃，求反应的平衡温距为 30℃时，CO 和 H_2 的产量是多少？反应器热负荷是多少？物性方法选择 RK-SOAVE。

解：用 Aspen Plus 软件中的反应器模块"REquil"计算。

步骤 1：全局性参数设置。启动 Aspen Plus，选择 **General with Metric Units**，文件保存为 Example 8.3.apw。进入 **Setup | Specifications | Global** 页面，在名称（Title）框中输入 REquil。

步骤 2 和步骤 3：与例 8-1 相同。

步骤 4：建立流程。单击 **Next** 按钮，进入模拟页面，绘制流程图，如图 8-16 所示。

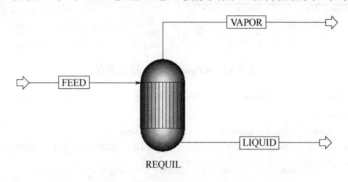

图 8-16 甲烷水蒸气转化 REquil 反应器流程

步骤 5：输入进料信息。单击 **Next** 按钮或双击 **FEED** 物流线进入反应原料气物流输入页面，将原料气物流信息输入，Flash Type 中选择温度（Temperature）、压力（Pressure），输入温度、压力以及总流量和摩尔分数的值，与图 8-3 相同。

步骤 6：单击 **Next** 按钮，进入 **Blocks | REQUIL | Setup | Specifications** 页面。输入反应器压力和温度，反应器有效相态选择 Vapor-Only，与图 8-4 相同。

步骤 7：单击 **Next** 按钮，进入 **Blocks | REQUIL | Setup | Reactions** 页面。点击 **New** 按钮，出现 Edit Stoichiometry 对话框，建立化学计量方程式。在左侧 Reactants 的 Component 中选择反应物 METHANE 和 WATER 以及化学计量系数（Coefficient），同样在右侧 Products 的 Component 中选择产物 CO 和 HYDROGEN 以及化学计量系数。输入反应平衡温距（Temperature approach）−30℃，如图 8-17 所示。

单击 **Next** 按钮，出现 REquil 反应器输入结果（图 8-18）。

❖ **注意**：对于可逆放热反应，平衡温距为正值；相反，对于可逆吸热反应，则平衡温距为负值。因为甲烷水蒸气重整反应为可逆吸热反应，故本题平衡温距取负值。

步骤 8：运行流程。单击 **Next** 按钮，运行模拟。

步骤 9：查看计算结果。单击 **Home** 功能选项区的 **Stream Summary** 或从左侧目录进入 **Blocks | Stream Result | Material** 页面，如图 8-19 所示，可以发现气相产物 VAPOR 中 CO 和 H_2 的流量分别为 19.8398kmol/h 和 59.5194kmol/h。

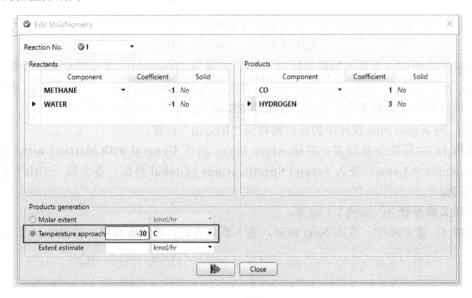

图 8-17   REquil 反应方程式设置

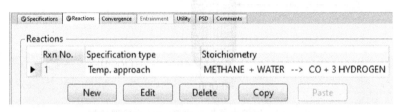

图 8-18   REquil 反应器设置结果

	Units	FEED	LIQUID	VAPOR
Enthalpy Flow	cal/sec	-1.18607e+06		-889498
Average MW		17.6208		12.6151
− Mole Flows	kmol/hr	**100**	**0**	**139.68**
METHANE	kmol/hr	20	0	0.160215
WATER	kmol/hr	80	0	60.1602
CO	kmol/hr	0	0	19.8398
HYDROGEN	kmol/hr	0	0	59.5194
+ Mole Fractions				
+ Mass Flows	kg/hr	1762.08		1762.08
+ Mass Fractions				
Volume Flow	l/min	141774		198075
+ Vapor Phase				
<add properties>				

图 8-19   查看物流 VAPOR 结果

步骤 10：从左侧目录进入 **Blocks | REQUIL | Results | Summary** 页面，如图 8-20 所示，可以发现反应器的热负荷为 1241.68kW。

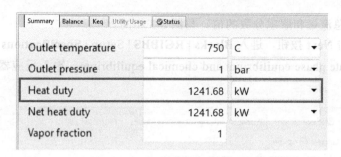

图 8-20　查看 REquil 反应器热负荷

8.4　吉布斯反应器

吉布斯反应器（RGibbs）根据吉布斯自由能最小化的原则，计算同时达到化学平衡和相平衡时系统的组成与相分布，而不需要知道反应方程式。吉布斯反应器是唯一能处理气液固三相平衡的反应器。

RGibbs 模型产物有三种选择：①系统中的所有组分都可以是产物；②指定可能的产物组分；③定义产物存在的相态。RGibbs 模型指定物流有两种选择：①自动指定出口物流相态；②使用关键组分和截止摩尔分数指定出口物流相态。RGibbs 模型中惰性物为不参加化学反应平衡的惰性组分及其不参加反应的摩尔流量或分数。RGibbs 模型限制平衡有两种选择：① 设定整个系统的平衡温差；②指定各个化学反应的平衡温差。

下面以例 8-4 介绍 RGibbs 的用法。

例 8-4　采用 RGibbs 模块对例 8-1 进行模拟。

解：用 Aspen Plus 软件中的反应器模块"RGibbs"计算。

步骤 1：全局性参数设置。启动 Aspen Plus，选择 **General with Metric Units**，文件保存为 Example 8.4.apw。进入 **Setup | Specifications | Global** 页面，在名称（Title）框中输入 RGibbs。

步骤 2 和步骤 3：与例 8-1 相同。

步骤 4：建立流程。单击 **Next** 按钮，进入模拟页面，绘制流程图，如图 8-21 所示。

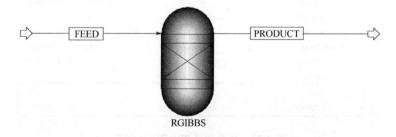

图 8-21　甲烷水蒸气重整反应 RGibbs 反应器流程

步骤 5：输入进料信息。单击 **Next** 按钮或双击 **FEED** 物流线进入反应原料气物流输入页面，将原料气物流信息输入。Flash Type 中选择温度（Temperature）、压力（Pressure），输入温度、压力以及总流量和摩尔分数的值，与图 8-3 相同。

步骤 6：单击 **Next** 按钮，进入 **Blocks | RGIBBS | Setup | Specifications** 页面。计算选项选择默认 Calculate phase equilibrium and chemical equilibrium，输入反应器压力和温度，如图 8-22 所示。

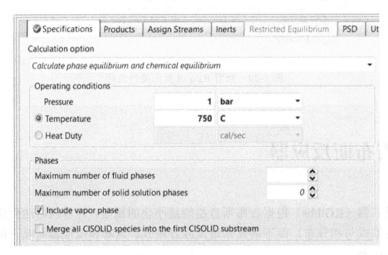

图 8-22　RGibbs 反应器设置

步骤 7：运行流程。单击 **Next** 按钮，运行模拟。

步骤 8：查看计算结果。单击 **Home** 功能选项区的 **Stream Summary** 或从左侧目录进入 **Blocks | Streams Result | Material** 页面，如图 8-23 所示，可以发现产物 PRODUCT 中 CO 和 H_2 的流量分别为 19.9268kmol/h 和 59.7803kmol/h。

	Units	FEED	PRODUCT
Mass Solid Fraction		0	0
Molar Enthalpy	cal/mol	-42698.5	-22863.3
Mass Enthalpy	cal/gm	-2423.19	-1814.63
Molar Entropy	cal/mol-K	0.274684	10.0852
Mass Entropy	cal/gm-K	0.0155886	0.800444
Molar Density	mol/cc	1.17558e-05	1.17531e-05
Mass Density	gm/cc	0.000207147	0.000148082
Enthalpy Flow	cal/sec	-1.18607e+06	-888198
Average MW		17.6208	12.5994
— **Mole Flows**	**kmol/hr**	**100**	**139.854**
METHANE	kmol/hr	20	0.0732264
WATER	kmol/hr	80	60.0732
CO	kmol/hr	0	19.9268
HYDROGEN	kmol/hr	0	59.7803

图 8-23　查看物流 PRODUCT 结果

步骤 9：从左侧目录进入 **Blocks | RGIBBS | Results | Summary** 页面，如图 8-24 所示，可以发现反应器的热负荷为 1247.13kW。

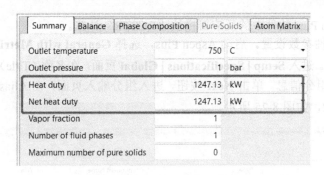

图 8-24　查看 RGibbs 反应器热负荷

8.5　化学反应对象

化学反应对象（Reactions）适用于动力学反应器模块（RBatch、RCSTR、RPlug）、反应精馏（RadFrac）模块以及反应系统中泄压（Pressure Relief）模块的模拟计算。化学反应对象独立于反应器（Reactors）或塔（Columns）模块且可以同时应用于多个模块之中。

用户创建化学反应对象时，需要提供一个 ID 来识别定义的每一组反应和数据以及选择反应类型。常用的反应动力学模型包括：指数型（Power Law）、LHHW 型（Langmuir-Hinshelwood-Hougen-Watson）和反应精馏型（Reac-Dist）。每个化学反应对象均要定义化学反应计量关系（stoichiometry），设置化学反应动力学参数（kinetic）或者化学平衡参数（equilibrium）。下面将结合具体动力学反应器模块介绍化学反应对象的使用。

8.5.1　全混釜反应器

全混釜反应器（RCSTR）严格法模拟连续搅拌釜式反应器。模型假设反应器内物料为理想混合，整个反应器内物料组成和温度是均匀的，并等于反应器出口物流的组成和温度，该模型可以模拟单相、两相或三相体系。用户可以通过内置的反应模型或自定义的 Fortran 子程序提供反应动力学。

RCSTR 模块除了需要规定压力、温度或热负荷之外，还需要用户确定反应器体积或停留时间。已知化学反应式、动力学方程或化学平衡关系，利用 RCSTR 模块可以计算所需的反应器体积和反应时间以及反应器热负荷。下面以例 8-5 介绍 RCSTR 的用法。

例 8-5　环氧丙烷水合法生产丙二醇的反应：

$$C_3H_6O + H_2O \longrightarrow C_3H_8O_2$$

进料环氧丙烷（PO）流量为 10kmol/h，水/环氧丙烷摩尔比为 20∶1，进料温度为 230℃，压力为 3.0MPa。全混釜反应器的体积为 10L，温度为 230℃，压力为 2.0MPa，化学反应动力学为 $r = k\, c_{H_2O}\, c_{PO}$ [m³/(kmol·s)]，$k = 231666 \times \exp[-78.19/(RT)]$。求产物丙二醇的流量、反应器的停留时间及热负荷。物性方法选用 NRTL-RK。

解：用 Aspen Plus 软件中的反应器模块"RCSTR"计算。

步骤 1：全局性参数设置。启动 Aspen Plus，选择 **General with Metric Units**，文件保存为 Example 8.5.apw。进入 **Setup | Specifications | Global** 页面，在名称（Title）框中输入 RCSTR。

步骤 2：输入组分信息。单击 **Next** 按钮，进入组分输入页面，在 Alias 中输入 C3H6O-4、H2O 和 C3H8O2-2，如图 8-25 所示。

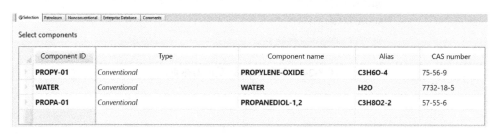

图 8-25　输入组分信息

步骤 3：选择物性方法。单击 **Next** 按钮，选择物性方法，选用 NRTL-RK。点击 **Methods** 下的 **Parameters**，接着点击 **Binary Interaction** 确认二元交互作用参数。

步骤 4：建立流程。单击 **Next** 按钮，进入模拟页面，绘制流程图，如图 8-26 所示。

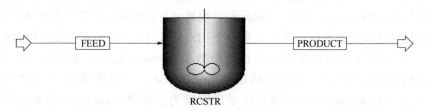

图 8-26　丙二醇合成 RCSTR 反应器流程

步骤 5：输入进料信息。单击 **Next** 按钮或双击 **FEED** 物流线进入反应原料气物流输入页面，将原料气物流信息输入，如图 8-27 所示。Flash Type 中选择温度（Temperature）、压力（Pressure），输入温度、压力的值和环氧丙烷、水的流量。

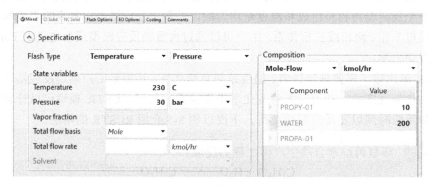

图 8-27　输入原料气信息

步骤 6：单击 **Next** 按钮，进入 **Blocks | RCSTR | Setup | Specifications** 页面。输入反应器压力和温度，反应器有效相态选择 Liquid-Only，设定方式 Specification type 选择 Reactor volume，如图 8-28 所示。

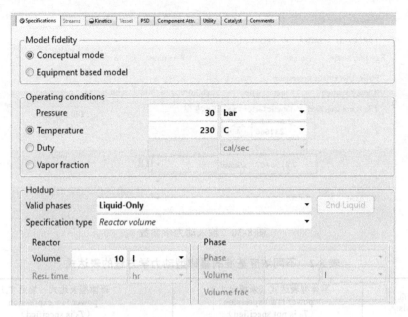

图 8-28 RCSTR 反应器设置

步骤 7：单击 **Next** 按钮，进入化学反应对象 Reactions 页面，创建化学反应。单击 **New** 按钮，出现 Create New ID 对话框，默认 ID 为 R-1，在 Select type 中选择 POWERLAW。

步骤 8：单击 **OK** 按钮，进入 **Reactions | R-1 | Input | Stoichiometry** 页面。单击 **New** 按钮，出现 Edit Reaction 对话框，选择反应类型（Reaction type）为 Kinetic，输入化学反应方程式，如图 8-29 所示。

❖ **注意**：化学反应对象 Reactions 也需要输入化学反应方程式，方法与 RStoic 模块设置一致。方程式中 Exponent 为动力学方程中每个组分浓度因子的幂指数。

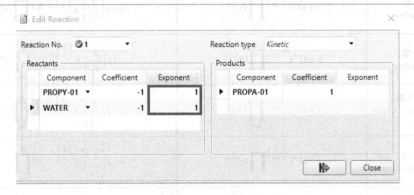

图 8-29 定义反应

步骤 9：单击 **Next** 按钮，进入 **Reactions | R-1 | Input | Kinetic**，输入动力学参数。输入指前因子 k 和活化能 E，速率基准选择 Reac（vol），浓度基准选择 Molarity，如图 8-30 所示。

❖ **注意**：幂律型动力学表达式取决于 $[c_i]$basis 列表中选择的浓度基准，其他浓度基准详见表 8-2。

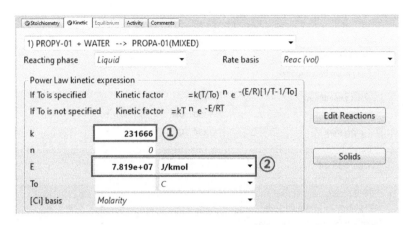

图 8-30　输入动力学参数

表 8-2　不同浓度基准的幂律型动力学方程的表达式

浓度基准 [c_i] basis	幂律型表达式（未规定 T_0） power law expression （T_0 is not specified）	幂律型表达式（规定 T_0） power law expression （T_0 is specified）
摩尔浓度（默认） molarity（default）	$r = kT^n e^{-\left(\frac{E}{RT}\right)} \prod\limits_{i=1}^{N}(c_i)^{\alpha_i}$	$r = k\left(\frac{T}{T_0}\right)^n e^{-\left(\frac{E}{R}\right)\left(\frac{1}{T}-\frac{1}{T_0}\right)} \prod\limits_{i=1}^{N}(c_i)^{\alpha_i}$
摩尔浓度（仅电解质） molarity（electrolytes only）	$r = kT^n e^{-\left(\frac{E}{RT}\right)} \prod\limits_{i=1}^{N}(m_i)^{\alpha_i}$	$r = k\left(\frac{T}{T_0}\right)^n e^{-\left(\frac{E}{R}\right)\left(\frac{1}{T}-\frac{1}{T_0}\right)} \prod\limits_{i=1}^{N}(m_i)^{\alpha_i}$
摩尔活度系数（仅液相） mole gamma（liquid only）	$r = kT^n e^{-\left(\frac{E}{RT}\right)} \prod\limits_{i=1}^{N}(x_i\gamma_i)^{\alpha_i}$	$r = k\left(\frac{T}{T_0}\right)^n e^{-\left(\frac{E}{R}\right)\left(\frac{1}{T}-\frac{1}{T_0}\right)} \prod\limits_{i=1}^{N}(x_i\gamma_i)^{\alpha_i}$
摩尔分数 mole fraction	$r = kT^n e^{-\left(\frac{E}{RT}\right)} \prod\limits_{i=1}^{N}(x_i)^{\alpha_i}$	$r = k\left(\frac{T}{T_0}\right)^n e^{-\left(\frac{E}{R}\right)\left(\frac{1}{T}-\frac{1}{T_0}\right)} \prod\limits_{i=1}^{N}(x_i)^{\alpha_i}$
质量分数 mass fraction	$r = kT^n e^{-\left(\frac{E}{RT}\right)} \prod\limits_{i=1}^{N}(x_i^m)^{\alpha_i}$	$r = k\left(\frac{T}{T_0}\right)^n e^{-\left(\frac{E}{R}\right)\left(\frac{1}{T}-\frac{1}{T_0}\right)} \prod\limits_{i=1}^{N}(x_i^m)^{\alpha_i}$
分压（仅气相） partial pressure（vapor only）	$r = kT^n e^{-\left(\frac{E}{RT}\right)} \prod\limits_{i=1}^{N}(p_i)^{\alpha_i}$	$r = k\left(\frac{T}{T_0}\right)^n e^{-\left(\frac{E}{R}\right)\left(\frac{1}{T}-\frac{1}{T_0}\right)} \prod\limits_{i=1}^{N}(p_i)^{\alpha_i}$
质量浓度 mass concentration	$r = kT^n e^{-\left(\frac{E}{RT}\right)} \prod\limits_{i=1}^{N}(c_i^m)^{\alpha_i}$	$r = k\left(\frac{T}{T_0}\right)^n e^{-\left(\frac{E}{R}\right)\left(\frac{1}{T}-\frac{1}{T_0}\right)} \prod\limits_{i=1}^{N}(c_i^m)^{\alpha_i}$
逸度 fugacity	$r = kT^n e^{-\left(\frac{E}{RT}\right)} \prod\limits_{i=1}^{N}(f_i)^{\alpha_i}$	$r = k\left(\frac{T}{T_0}\right)^n e^{-\left(\frac{E}{R}\right)\left(\frac{1}{T}-\frac{1}{T_0}\right)} \prod\limits_{i=1}^{N}(f_i)^{\alpha_i}$

例如以摩尔浓度（molarity）为浓度基准的幂律型动力学表达式为：

$$r = k\left(\frac{T}{T_0}\right)^n e^{-\left(\frac{E}{R}\right)\left(\frac{1}{T}-\frac{1}{T_0}\right)} \prod\limits_{i=1}^{N}(c_i)^{\alpha_i} \quad （规定 \ T_0）$$

$$r = kT^n e^{-\left(\frac{E}{RT}\right)} \prod_{i=1}^{N} (c_i)^{\alpha_i} \quad （不规定\ T_0）$$

式中，r 为化学反应速率；k 为指前因子；n 为温度指数；T 为热力学温度；T_0 为参考温度；R 为摩尔气体常数；E 是活化能；c_i 表示第 i 个组分的浓度；α_i 表示第 i 个组分的指数；N 表示组分个数。化学反应速率的单位是 kmol/[s·(basis)]，其中速率基准（rate basis）选择反应体积[Reac（vol）]时，（basis）是 m^3；速率基准选择催化剂质量[Cat（wt）]时，（basis）是 kg catalyst。

在输入指前因子 k 数值时，必须要保证该数值单位与 Aspen Plus 所默认的单位一致。指前因子的单位与反应级数、浓度基准有关。反应速率基准（rate basis）为 Reac（vol）时，指前因子单位如表 8-3 所示。

表 8-3　不同浓度基准的指前因子单位 [速率基准为 Reac（vol）]

浓度基准 [c_i] basis	单位（未规定 T_0） units（T_0 is not specified）	单位（规定 T_0） units（T_0 is specified）
摩尔浓度 molarity	$\dfrac{\frac{kmol\cdot K^{-n}}{s\cdot m^3}}{\left(\frac{kmol}{m^3}\right)^{\sum \alpha_i}}$	$\dfrac{\frac{kmol}{s\cdot m^3}}{\left(\frac{kmol}{m^3}\right)^{\sum \alpha_i}}$
质量摩尔浓度 molality	$\dfrac{\frac{kmol\cdot K^{-n}}{s\cdot m^3}}{\left(\frac{mol}{kgH_2O}\right)^{\sum \alpha_i}}$	$\dfrac{\frac{kmol}{s\cdot m^3}}{\left(\frac{mol}{kgH_2O}\right)^{\sum \alpha_i}}$
摩尔分数 mole fraction； 质量分数 mass fraction； 摩尔活度系数 mole gamma	$\dfrac{kmol\cdot K^{-n}}{s\cdot m^3}$	$\dfrac{kmol}{s\cdot m^3}$
分压 partial pressure； 逸度 fugacity	$\dfrac{\frac{kmol\cdot K^{-n}}{s\cdot m^3}}{\left(\frac{N}{m^2}\right)^{\sum \alpha_i}}$	$\dfrac{\frac{kmol}{s\cdot m^3}}{\left(\frac{N}{m^2}\right)^{\sum \alpha_i}}$
质量浓度 mass concentration	$\dfrac{\frac{kmol\cdot K^{-n}}{s\cdot m^3}}{\left(\frac{kg}{m^3}\right)^{\sum \alpha_i}}$	$\dfrac{\frac{kmol}{s\cdot m^3}}{\left(\frac{kg}{m^3}\right)^{\sum \alpha_i}}$

对于速率基准（rate basis）为 Cat（wt）时，指前因子单位只需将上表中的 s·m^3 替换成 s·kg。如果反应中有水，且选择质量摩尔浓度（molality）为基准，由于水的质量摩尔浓度为常数，因此用摩尔分数代替，需要将水的指数从指数加和式中扣除。

例如，对于未规定 T_0 的反应，温度指数为 1，浓度基准为 molarity，反应基准为 Reac（vol），且反应为某组分的一级反应，则指前因子的单位为 1/(s·K)。如果反应是二级的，则指前因子的单位为 m^3/(kmol·s·K)。

步骤 10： 单击 **Next** 按钮，进入 **Blocks | RCSTR | Setup | Kinetic** 页面，将 Available 中的 R-1 选入 Selected，如图 8-31 所示。

步骤 11： 运行流程。单击 **Next** 按钮，运行模拟。

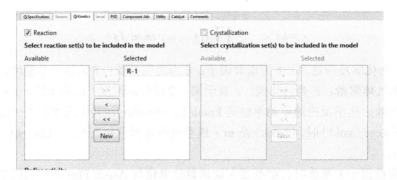

图 8-31　选择模块 RCSTR 中的化学反应对象

步骤 12： 查看计算结果。单击 **Home** 功能选项区的 **Stream Summary** 或从左侧目录进入 **Blocks | Stream Result | Material** 页面，如图 8-32 所示，可以发现产物中丙二醇的流量为 2.75719kmol/h。

	Units	FEED	PRODUCT
Enthalpy Flow	cal/sec	-3.34134e+06	-3.63379e+06
Average MW		19.9231	20.1882
− Mole Flows	kmol/hr	210	207.243
PROPY-01	kmol/hr	10	7.24281
WATER	kmol/hr	200	197.243
PROPA-01	kmol/hr	0	2.75719
+ Mole Fractions			
+ Mass Flows	kg/hr	4183.86	4183.86
+ Mass Fractions			
Volume Flow	l/min	2843.68	95.7216

图 8-32　查看物流结果

步骤 13： 从左侧目录进入 **Blocks | RCSTR | Results | Summary** 页面，如图 8-33 所示，可以发现反应器的热负荷为 −1224.44kW，停留时间为 6.26818s。

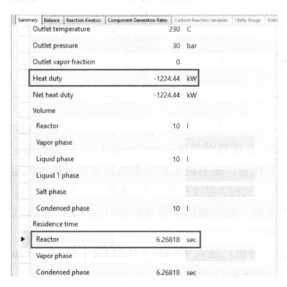

Outlet temperature	230	C
Outlet pressure	30	bar
Outlet vapor fraction	0	
Heat duty	-1224.44	kW
Net heat duty	-1224.44	kW
Volume		
Reactor	10	l
Vapor phase		
Liquid phase	10	l
Liquid 1 phase		
Salt phase		
Condensed phase	10	l
Residence time		
Reactor	6.26818	sec
Vapor phase		
Condensed phase	6.26818	sec

图 8-33　查看 RCSTR 反应器结果

8.5.2 平推流反应器

平推流反应器模块（RPlug）用来模拟在径向完全混合、在轴向不发生返混的理想的平推流反应器。RPlug 可以处理单相、两相或三相体系，也可以模拟有传热流体（冷却或加热，并流或逆流）的反应器。RPlug 可以处理动力学反应，包括涉及固体的反应。当用户使用 RPlug 模块时，必须已知反应动力学，可以通过内置的反应模型或用户自定义的 Fortran 子程序来提供反应动力学。

RPlug 模块必须设定的三组模型参数：模型设定（specifications）、反应器构型（configuration）和化学反应（reactions）。反应器共有以下五种类型。①指定温度的反应器（reactor with specified temperature），有三种方式设定操作温度：进料温度下的恒温（constant at inlet temperature）、指定反应器温度（constant at specified reactor temperature）、指定沿反应器长度的温度分布（temperature profile）。②绝热反应器（adiabatic reactor）。③恒定载热流体温度的反应器（reactor with constant thermal fluid temperature）：在操作条件栏中设定传热系数（specify heat transfer parameters）和载热流体温度（thermal fluid temperature）。④与载热流体并流换热的反应器（reactor with co-current thermal fluid）。⑤与载热流体逆流换热的反应器（reactor with counter-current thermal fluid）。采用④和⑤这两种类型需在流程图中连接冷却剂物流，并在反应器类型下拉框中选择相应的类型，在操作条件栏中输入传热系数 U 和载热流体出口温度（thermal fluid outlet temperature）或气化率（thermal fluid outlet vapor fraction）。反应器构型表单中需要输入的参数有：单管或多管反应器（multitube reactor）、反应管的根数（number of tubes）、反应管的长度（length）和直径（diameter）、反应物料（process stream）有效相态、载热流体（thermal fluid stream）有效相态。下面以例 8-6 介绍 RPlug 的用法。

例 8-6 乙苯脱氢制苯乙烯的化学反应式和动力学方程如下：

主反应：(a)

副反应：(b)

(c)

$$r_a = k_a \frac{p_{EB} - \dfrac{1}{K_{eq}} p_{sty} p_{H_2}}{1 + K_{sty} \cdot p_{sty}}$$

$$r_b = k_b p_{EB}$$

$$r_c = k_c p_{EB}$$

其中，$k = A \exp[-E/(RT)]$，$K_{eq} = A_{eq} \exp[-E_{eq}/(RT)]$；

A_a = 2349.56 mol/(kgcat·s·Pa)，E_a = 158.6 kJ/mol；

A_b = 1.37606×10^{-3} mol/(kgcat·s·Pa)，E_b = 114.2 kJ/mol；

A_c = 47410.7 mol/(kgcat·s·Pa)，E_c = 208 kJ/mol；

$\ln A_{eq}$ = 27.161，E_{eq} = 124.261 kJ/mol；

$K_{sty}=1.3 \times 10^{-4} Pa^{-1}$

反应器进料温度为 880K，压力为 1.378bar，水蒸气与苯乙烯摩尔比为 10∶1（苯乙烯流量为 54.792kmol/h，水蒸气流量为 547.92kmol/h）。反应器为绝热反应器，长和直径均为 340.8mm。催化剂装填量为 27760.4kg，床层空隙率为 0.445。计算反应器出口组成。物性方法选用 PENG-ROB。

解：用 Aspen Plus 软件中的反应器模块"RPlug"计算。

步骤 1：全局性参数设置。启动 Aspen Plus，选择 **General with Metric Units**，文件保存为 Example 8.6.apw。进入 **Setup | Specifications | Global** 页面，在名称（Title）框中输入 **RPlug**。

步骤 2：输入组分信息。单击 **Next** 按钮，进入组分输入页面，在 Alias 中输入 C8H10-4、C8H8、H2、C6H6、CH4、C2H4、C7H8 和 H2O，如图 8-34 所示。

Component ID	Type	Component name	Alias	CAS number
EB	Conventional	ETHYLBENZENE	C8H10-4	100-41-4
STY	Conventional	STYRENE	C8H8	100-42-5
H2	Conventional	HYDROGEN	H2	1333-74-0
C6H6	Conventional	BENZENE	C6H6	71-43-2
CH4	Conventional	METHANE	CH4	74-82-8
C2H4	Conventional	ETHYLENE	C2H4	74-85-1
C7H8	Conventional	TOLUENE	C7H8	108-88-3
H2O	Conventional	WATER	H2O	7732-18-5

图 8-34　输入组分信息

步骤 3：选择物性方法。单击 **Next** 按钮，选择物性方法，选用 **PENG-ROB**。

步骤 4：建立流程。单击 **Next** 按钮，进入模拟页面，绘制流程图，如图 8-35 所示。

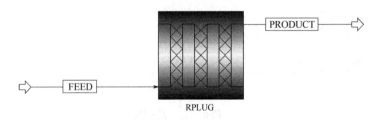

图 8-35　乙苯脱氢制苯乙烯 RPlug 反应器流程

步骤 5：输入进料信息。单击 **Next** 按钮或双击 **FEED** 物流线进入反应原料气物流输入页面，将原料气物流信息输入，如图 8-36 所示。输入温度（Temperature）、压力（Pressure）、乙苯和水的流量。

步骤 6：单击 **Next** 按钮，进入 **Blocks | RPLUG | Setup | Specifications** 页面。选择反应器类型为绝热反应器 Adiabatic reactor，如图 8-37 所示。

步骤 7：单击 **Next** 按钮，进入 **Blocks | RPLUG | Setup | Configuration** 页面。输入反应器长度和直径，如图 8-38 所示。

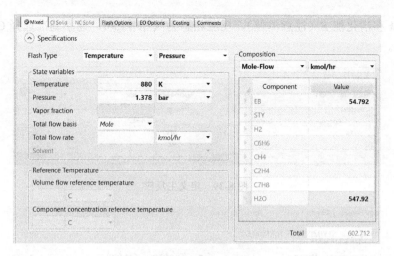

图 8-36　输入原料气信息

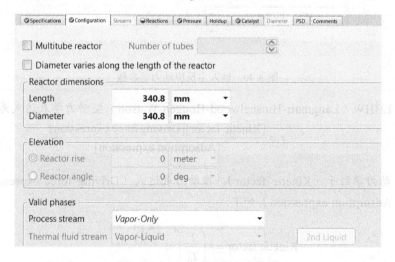

图 8-37　RPlug 反应器类型设置

图 8-38　RPlug 反应器尺寸设置

步骤 8：进入化学反应对象 Reactions 页面，创建化学反应。单击 **New** 按钮，出现 Create New ID 对话框，默认 ID 为 R-1，在 Select type 中选择 LHHW。

步骤 9：单击 **OK** 按钮，进入 **Reactions | R-1 | Input | Stoichiometry** 页面。单击 **New** 按钮，出现 Edit Reaction 对话框，选择反应类型（Reaction type）为 Kinetic，输入主反应方程式，如图 8-39 所示。

步骤 10：单击 **Next** 按钮，进入 **Reactions | R-1 | Input | Kinetic**，输入动力学参数。输

入指前因子 k 和活化能 E（注意单位），反应相态为气相 Vapor，速率基准选择 Cat（wt），如图 8-40 所示。

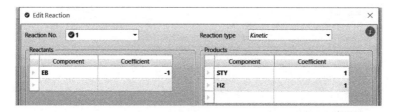

图 8-39　定义主反应

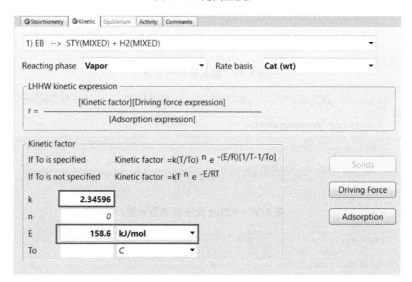

图 8-40　输入主反应动力学参数

❖ **注意**：LHHW（Langmuir-Hinshelwood-Hougen-Watson）型动力学表达式为：

$$r = \frac{[\text{Kinetic factor}][\text{Driving force expression}]}{[\text{Adsorption expression}]}$$

　　其中，动力学因子（Kinetic factor）、推动力表达式（Driving force expression）和吸附表达式（Adsorption expression）如下：

$$\text{Kinetic factor} = k\left(\frac{T}{T_0}\right)^n \text{e}^{-\left(\frac{E}{R}\right)\left(\frac{1}{T}-\frac{1}{T_0}\right)}$$

$$\text{Driving force expression} = k_1 \prod_{i=1}^{N} c_i^{\alpha_i} - k_2 \prod_{i=1}^{N} c_j^{\beta_j}$$

$$\text{Adsorption expression} = \left[\sum_{i=1}^{M} K_i \left(\prod_{j=1}^{N} c_j^{v_j}\right)\right]^m$$

LHHW 动力学方程表达式中参数、输入变量以及软件页面见表 8-4。

表 8-4　LHHW 动力学方程表达式中参数、输入变量以及软件页面

参数	输入变量	软件页面
r =反应速率	—	—
k =指前因子	k	Kinetics 页面
T =热力学温度	—	—
T_0 =参考温度	T_0	Kinetics 页面
n =温度指数	n	Kinetics 页面
m =吸附项指数	指数	Adsorption Expression 窗口
E =活化能	E	Kinetics 页面
R =摩尔气体常数	—	—
K =常数	系数 A、B、C、D	Adsorption Expression 窗口
k_1 =常数	Term 1 中推动力项常数的系数 A、B、C、D	Driving Force Expression 窗口
k_2 =常数	Term 2 中推动力项常数的系数 A、B、C、D	Driving Force Expression 窗口
N =组分数	—	—
M =吸附表达式的项数	—	—
c =组分浓度	—	—
i, j =序数标记	—	—
α =指数	Exponent 1	Driving Force Expression 窗口
β =指数	Exponent 2	Driving Force Expression 窗口
v =指数	每个组分的 Term Exponent	Adsorption Expression 窗口
$\prod$ =乘积运算符	—	—
$\sum$ =求和运算符	—	—

LHHW 速率表达式中的指前因子有非常复杂的单位，它取决于所选择的浓度基准、是否指定了参考温度以及推动力和吸收项的浓度指数。在计算反应速率之前，浓度应被转换为 SI 单位制。指前因子的单位应该能保证整个速率表达式具有 SI 单位制。也就是说，速率基准为 Cat（wt）时，反应速率单位为 $\dfrac{kmol}{s \cdot kg\,catalyst}$；当速率基准为 Reac（vol）时，速率单位为 $\dfrac{kmol}{s \cdot m^3}$。在这两种情况下，所使用的催化剂质量或反应器容积由发生反应的反应器决定。指前因子的单位可以用下式来表示：

$$k\ 的单位 = \frac{\left(\dfrac{kmol}{s \cdot (kg\,catalyst\ or\ m^3)}\right)}{(K)^{TE}(conc.)^{DFCE}}$$

式中，TE 为温度指数，如果指定了参考温度，TE=0，因为参考温度抵消了温度的单位，如果没有指定参考温度，TE=n，n 为指定的温度指数，温度单位常用热力学温度；conc. 为浓度单位，取决于所选择的浓度基准，例如摩尔浓度（kmol/m³）、质量摩尔浓度（mol/kg H_2O）、摩尔分数、质量分数或摩尔活度系数（无量纲）、分压或逸度（N/m²）、质量浓度

（kg/m³）；DFCE 即推动力指数，为推动力表达式第 1 项中所有成分的 v_i 之和。

推动力和吸附项表达式中的平衡常数也可以有单位。推动力表达式中的 k_1 总是无量纲的，但 k_2 有单位，以使推动力表达式的第二项具有与第一项相同的单位。也就是说，它具有上表中的浓度单位，其幂值等于两项的净浓度指数的差。在吸附项表达式中，每个平衡常数的浓度单位与它所乘的浓度成反比，因此每项都是一个无量纲的数字。

步骤 11：单击 **Driving Force** 按钮，弹出推动力项表达式输入页面，[Cᵢ]基准选分压 Partial pressure，输入推动力项表达式 Term 1，如图 8-41 所示。

❖ **注意**：此处需要输入 Term 1 中推动力项常数 k_1 的系数 A、B、C、D。$\ln(k_1)= A + B/T + C\times\ln(T)+D\times T$，由于本题中 k_1 为 1，所以系数 A、B、C 和 D 均为 0。

步骤 12：继续输入推动力项表达式 Term 2，如图 8-42 所示。

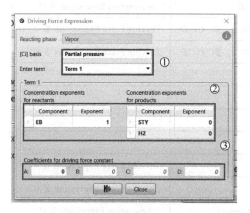

图 8-41　推动力项表达式 Term 1

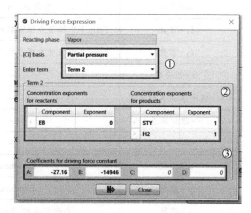

图 8-42　推动力项表达式 Term 2

❖ **注意**：Term 2 中推动力项常数 k_2 的系数 A、B、C、D 分别为 k_2 取对数所对应的系数，即 $\ln(k_2)=A+B/T+C\times\ln(T)+D\times T$，由于本题中 k_2 为 $\dfrac{1}{k_{\text{eq}}}$，所以系数 A、B、C 和 D 数值应为 K_{eq} 取负对数所对应的系数。

步骤 13：单击 **Adsorption** 按钮，弹出吸附项表达式输入页面，吸附项表达式指数 Adsorption expression exponent 输入 1，依次分别输入苯乙烯的吸附常数，至此，主反应动力学方程输入完毕，如图 8-43 所示。

❖ **注意**：由本题主反应动力学方程吸附项"$1 + K_{\text{sty}}\times p_{\text{sty}}$"可知，吸附项 Term 1 为 1，因此，Term 1 的浓度指数和吸附常数均为 0。Term 2 只与苯乙烯（STY）的压力一次幂有关，因此 Term 2 的浓度指数在 STY 组分中输入 1。Term 2 中吸附项常数 K_{sty} 的系数 A、B、C、D 分别为 K_{sty} 取对数所对应的系数，即 $\ln(K_{\text{sty}})=A+B/T+C\times\ln(T)+D\times T$。

步骤 14：继续进入化学反应对象 Reactions 页面，创建化学反应。单击 **New** 按钮，出现 Create New ID 对话框，默认 ID 为 R-2，在 Select type 中选择 POWERLAW。与步骤 9 类似，依次输入两个副反应方程式，结果如图 8-44 所示。

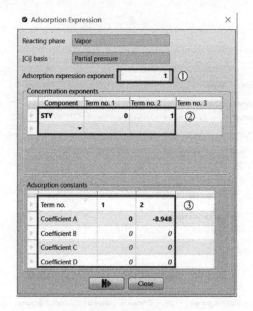

图 8-43　吸附项表达式

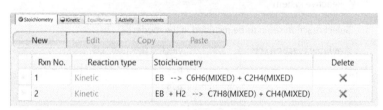

图 8-44　副反应方程式

步骤 15：单击 **Next** 按钮，进入 **Reactions | R-2 | Input | Kinetic**，输入动力学参数。分别输入指前因子 k 和活化能 E（注意单位），反应相态为气相 Vapor，速率基准选择 Cat（wt），C_i 基准选分压 Partial pressure，如图 8-45 和图 8-46 所示。

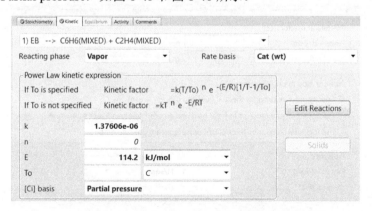

图 8-45　输入副反应（b）的动力学参数

步骤 16：单击 **Next** 按钮，进入 **Blocks | RPLUG | Setup | Reactions** 页面，将 Available reaction sets 中的 R-1 和 R-2 选入 Selected reaction sets，如图 8-47 所示。

步骤 17：进入 **Blocks | RPLUG | Setup | Pressure** 页面，输入反应器压降，如图 8-48

所示。

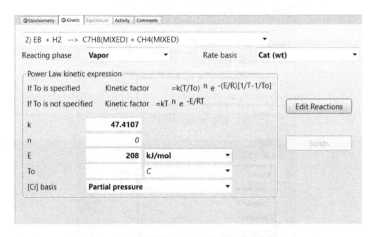

图 8-46　输入副反应（c）的动力学参数

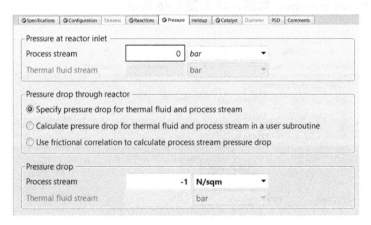

图 8-47　选择模块 RPlug 中的化学反应对象

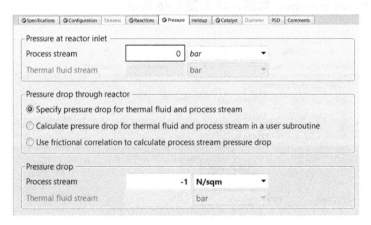

图 8-48　输入反应器压降

步骤 18：进入 **Blocks│RPLUG│Setup│Catalyst** 页面，输入催化剂信息，如图 8-49 所示。

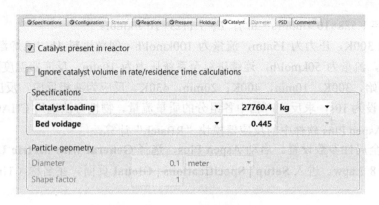

图 8-49 输入催化剂信息

步骤 19：运行流程。单击 **Next** 按钮，运行模拟。

步骤 20：查看计算结果。单击 **Home** 功能选项区的 **Stream Summary** 或从左侧目录进入 **Blocks | Stream Result | Material** 页面，如图 8-50 所示，可以发现产物中苯乙烯的流量为 35.8266kmol/h。

	Units	FEED	PRODUCT	
Mass Density	gm/cc	0.000490669	0.000535587	
Enthalpy Flow	cal/sec	-7.43617e+06	-7.43617e+06	
Average MW		26.0291	24.5678	
− Mole Flows	kmol/hr	602.712	638.562	
EB	kmol/hr	54.792	18.1733	
STY	kmol/hr	0	35.8266	
H2	kmol/hr	0	35.0578	
C6H6	kmol/hr	0	0.0234195	
CH4	kmol/hr	0	0.768744	
C2H4	kmol/hr	0	0.0234195	
C2H8	kmol/hr	0	0.768744	
H2O	kmol/hr	547.92	547.92	
+ Mole Fractions				
+ Mass Flows	kg/hr	15688.1	15688.1	
+ Mass Fractions				
Volume Flow	l/min	532880	488189	
+ Vapor Phase				

图 8-50 查看 RPlug 反应器出口物流结果

8.5.3　间歇反应器

间歇反应器（RBatch）模块用于模拟间歇或半间歇反应器，根据化学反应式、动力学方程和平衡关系，计算所需的反应体积、反应时间和反应器热负荷。对于半间歇反应器，可以定义一股连续出料和任意股连续或间歇进料。RBatch 只能处理动力学类型的反应。

例 8-7 乙烯与苯反应制苯乙烯的化学反应式和动力学方程如下：

$$C_2H_4(ethylene)+C_6H_6(benzene) \longrightarrow C_8H_{10}(ethylbenzene)$$

$$-r = k_0 \times \exp[-E_a/(RT)]c_E c_B$$

式中，$k_0 = 1.528 \times 10^8 \text{kmol}/(\text{s} \cdot \text{m}^3)$；$E_a = 7.1129 \times 10^7 \text{J/kmol}$。

苯温度为 300K，压力为 15atm，流量为 100kmol/h，间歇进料 1h；乙烯温度为 298K，压力为 15atm，流量为 50kmol/h，连续进料至系统压力为 10atm。反应器温度随时间的变化如下：反应开始，300K；10min，400K；20min，430K。反应为液相反应，反应 2h 后结束，计算时间间隔设为 10s，求反应产物中各组分的质量流量。物性方法选用 CHAO-SEA。

解：用 Aspen Plus 软件中的反应器模块"RBatch"计算。

步骤 1：全局性参数设置。启动 Aspen Plus，选择 **General with Metric Units**，文件保存为 Example 8.7.apw。进入 **Setup | Specifications | Global** 页面，在名称（Title）框中输入 RBatch。

步骤 2：输入组分信息。单击 **Next** 按钮，进入组分输入页面，在 Alias 中输入 C2H4、C6H6 和 C8H10-4，如图 8-51 所示。

图 8-51 输入组分信息

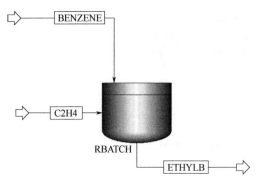

图 8-52 乙苯合成 RBatch 反应器流程

步骤 3：选择物性方法。单击 **Next** 按钮，选择物性方法，选用 CHAO-SEA。

步骤 4：建立流程。单击 **Next** 按钮，进入模拟页面，绘制流程图，如图 8-52 所示。

步骤 5：输入进料信息。单击 **Next** 按钮或双击 **C2H4** 和 **BENZENE** 物流线进入反应原料物流输入页面，如图 8-53 和图 8-54 所示。Flash Type 中选择温度（Temperature）、压力（Pressure），输入温度、压力、苯和乙烯的流量与摩尔分数。

步骤 6：单击 **Next** 按钮，进入 **Blocks | RBATCH | Setup | Specifications** 页面。选择反应器温度规定为 Temperature profile，输入不同时刻温度值以及反应器压力，反应器相态为液相，如图 8-55 所示。

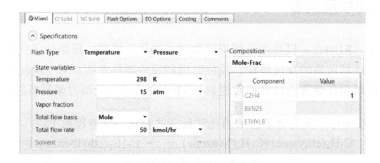

图 8-53 输入原料乙烯物流信息

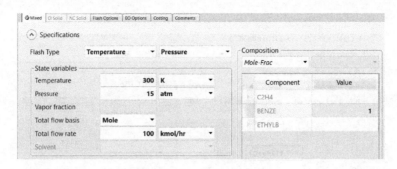

图 8-54 输入原料苯物流信息

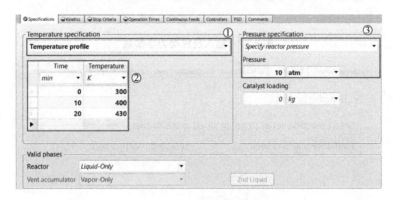

图 8-55 RBatch 反应器设置

步骤 7：单击 **Next** 按钮，进入化学反应对象 Reactions 页面，创建化学反应。单击 **New** 按钮，出现 Create New ID 对话框，默认 ID 为 R-1，在 Select type 中选择 POWERLAW。

步骤 8：单击 **OK** 按钮，进入 **Reactions | R-1 | Input | Stoichiometry** 页面。单击 **New** 按钮，出现 Edit Reaction 对话框，选择反应类型（Reaction type）为 Kinetic，输入化学反应方程式，如图 8-56 所示。

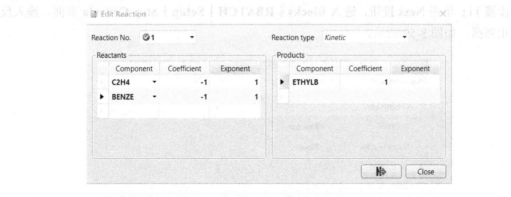

图 8-56 定义反应

步骤 9：单击 **Next** 按钮，进入 **Reactions | R-1 | Input | Kinetic**，输入动力学参数。输入指前因子 k 和活化能 E，反应相态为液相 Liquid，速率基准选择 Reac（vol），如图 8-57 所示。

步骤 10：单击 **Next** 按钮，进入 **Blocks | RBATCH | Setup | Kinetics** 页面，将 Available reaction sets 中的 R-1 选入 Selected reaction sets，如图 8-58 所示。

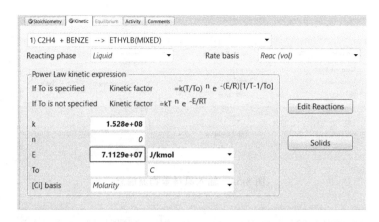

图 8-57　输入反应动力学参数

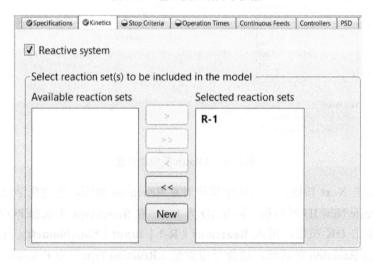

图 8-58　选择模块 RBatch 中的化学反应对象

步骤 11：单击 **Next** 按钮，进入 **Blocks | RBATCH | Setup | Stop Criteria** 页面，输入反应停止判据，如图 8-59 所示。

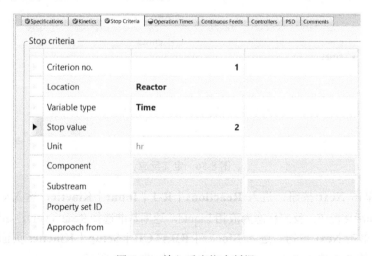

图 8-59　输入反应停止判据

步骤 12：单击 **Next** 按钮，进入 **Blocks | RBATCH | Setup | Operation Times** 页面，输入反应器操作时间，如图 8-60 所示。

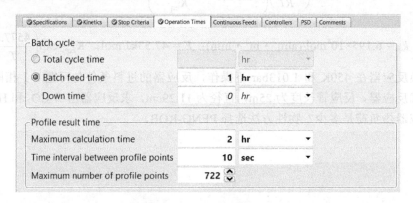

图 8-60　输入反应器操作时间

步骤 13：运行流程。单击 **Next** 按钮，运行模拟。

步骤 14：查看计算结果。单击 **Home** 功能选项区的 **Stream Summary** 或从左侧目录进入 **Blocks | Stream Result | Material** 页面，如图 8-61 所示，可以发现产物中乙苯的流量为 49.6983kmol/h。

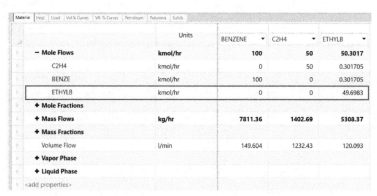

图 8-61　查看 RBatch 反应器出口物流结果

习　题

8-1　水煤气变换反应方程式如下：

$$CO+H_2O \longrightarrow CO_2+H_2$$

已知水煤气流量为 33mol/min，压力为 1.013bar，温度为 450K，CO 和 H_2O 的摩尔分数均为 0.5。若反应在恒压及等温条件下进行，CO 转化率为 0.8，求反应器出口 CO_2 和 H_2 的流量是多少？反应器热负荷是多少？物性方法选择 PENG-ROB。

8-2　利用平衡反应器计算习题 8-1 水煤气变换的平衡组成。

8-3　已知水煤气变换反应动力学方程如下：

$$r=k_0\exp\left(-\frac{E}{RT}\right)\left(p_{CO}p_{H_2O}-\frac{p_{CO_2}p_{H_2}}{K_{eq}}\right) \text{kmol/(s} \cdot \text{m}^3)$$

式中，$k_0 = 6.195\times10^8 \text{mol/(atm}^2 \cdot \text{m}^3 \cdot \text{min)}$；$E = 47.53\text{kJ/mol}$；$K_{eq}=\exp\left(\dfrac{4577.8}{T}-4.33\right)$。

水煤气变换反应器在 450K 和 1.013bar 下操作，反应器的进料条件与习题 8-1 相同。反应器为等温管式反应器，反应管长度为 25m，直径为 11.29cm，求反应器出口 CO_2 和 H_2 的流量是多少？反应器热负荷是多少？物性方法选择 PENG-ROB。

第9章

能量分析基础

为了实现节能减排，Aspen Plus V10 基于强大的流程模拟功能，提供可能的节能方案并计算设备投资费、操作费和碳排放量等详细数据，内嵌了 Energy Analysis 模块，可以在 Aspen Plus 模拟模式直接调用，并且可以进一步调用 Aspen HYSYS 的 Aspen Energy Analyzer（AEA）进行换热网络设计。Aspen Energy Analyzer 是基于夹点技术的换热网络合成软件，有关夹点技术的理论基础请参看化工过程系统工程类书籍。Aspen Plus 在安装目录：Aspen Plus V10.0\GUI\Examples\Energy Analysis 中和 Aspen Energy Analyzer V10.0\Samples 中提供了一些案例，初学者可以参考。

<u>例 9-1</u> 利用 Aspen Plus 和 Aspen Energy Analyzer 对异丙苯生产工艺进行能量分析，确定节能潜力和节能途径，通过热集成技术优化工艺结构，进行换热网络合成。

一般情况下，化工工艺设计的初始阶段不必考虑节能技术，节能的各种方案是逐步完善的过程，所以例 9-1 首先从所有的热量交换全部采用公用工程的初始流程开始，流程建立、公用工程的输入和工艺计算过程本例题省略。初始的流程模拟文件见 Example 9.1 Base Case Model，工艺流程图见图 9-1。

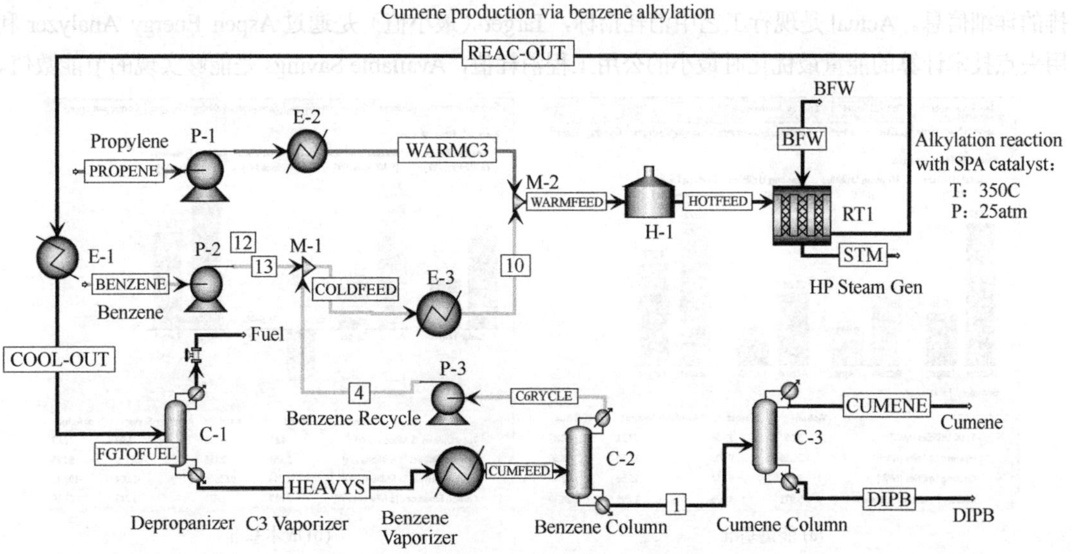

Cumene production via benzene alkylation

图 9-1　异丙苯装置初始工艺流程图

9.1 能量分析功能简介

在 Aspen Plus 模拟模式下，能量分析器与经济分析器和热交换器分析器同处于激活面板（Activation Dashboard）上，可以通过 View 菜单中的 Activation Dashboard 激活或者隐藏，通过面板右上角 ∧ 或 ∨ 可以在全尺寸模式和最小化模式之间切换（图 9-2）。

图 9-2　能量分析面板

打开 Example 9.1 Base Case Model，在模拟环境下，将 Available Energy Savings 面板调节至 "on"，即可开始能量分析，正常运行结果如图 9-3 所示。面板上会显示节能的潜力，能量最优的换热网络可以节能 33.11MW，相比于基础工艺节能 62.87%。点击面板可以调出 Energy Analysis 结果页面，得到更多详细信息，包括节能概况、公用工程、碳排放量、热交换器、公用工程配置和设计改造的具体情况。

图 9-3　能量分析结果

节能概况（图 9-4）中列出了公用工程节能总量，以及热公用工程、冷公用工程和温室气体减排的详细信息。Actual 是现行工艺中消耗指标，Target（最小值）是通过 Aspen Energy Analyzer 利用夹点技术计算的能量最优化时最小的公用工程消耗值，Available Savings 是能够实现的节能数值。

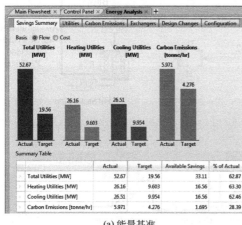

(a) 能量基准

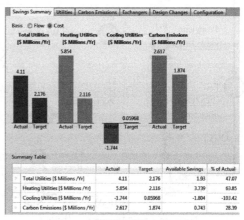

(b) 成本基准

图 9-4　节能概况

公用工程页面（图 9-5）列出了具体的公用工程类别、现行工艺中实际用量、最小值、节能潜力、节能成本、公用工程的最小传热温差。本例题中使用的热公用工程有高压蒸汽（HPSTM）、燃料（FUEL）、中压蒸汽（MPSTM）；冷公用工程有冷却水（CW）和低压蒸汽发生器（废热锅炉，LPSTMGEN）。热交换器与公用工程的匹配信息可以查看配置表（图 9-6）。Process type 选项中有典型的化工过程，不同类型的操作适用的最小传热温差（Approach temperature）是不同的，默认是 10℃。碳排费（Carbon Fee）默认 0.05$/kg。此外，在 **Simulation | Utilities** 页面中定义的各种公用工程的输入界面都有碳跟踪（Carbon Tracking）参数（图 9-7），可以从数据库中选择碳排放指标数据来源、最终燃料来源和能效。如果要计算节能方案中的减排量，必须输入碳排费和碳跟踪参数。**Define Scope** 按钮用来选择能量分析的范围，可选项包括工艺物流 Case（Main）和涉及公用工程的单元设备，全选时在 Utility Assignments 页面中显示所有热交换设备的公用工程配置。

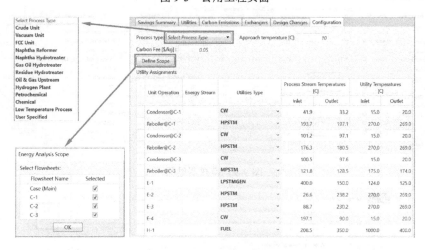

图 9-5　公用工程页面

图 9-6　公用工程配置页面

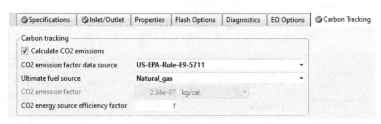

图 9-7　碳跟踪参数

碳排放页面（图 9-8）显示当前碳排放量、减排目标、减排潜力、节约成本及其百分数。

		Current [tonne/hr]	Target [tonne/hr]	Saving Potential [tonne/hr]	Emission Cost Savings [$/Yr]	Emission Cost Savings [%]
	HPSTM	3.821	2.192	1.63	713,796	42.65
	FUEL	2.002	0.04473	1.957	857,275	97.77
	MPSTM	0.3696	0.03669	0.3329	145,810	90.07
	Total Hot Utilities	**6.193**	**2.273**	**3.92**	**1,716,881**	**63.30**
	CW	2.782	2.003	0.7788	341,136	28.00
	LPSTMGEN	-3.004	0	-3.004	-1,315,545	100.00
	Total Cold Utilities	**-0.2219**	**2.003**	**-2.225**	**-974,409**	**1,002.71**

图 9-8　碳排放页面

换热器结果（图 9-9）中详细罗列了每个换热器的状态、功能、热负荷、冷热流体的信息。Recoverable Duty 一栏显示了热量可以回收的位置，为换热网络节能设计提供指导，如本例中 E1、E2、E3 和 E4。鼠标悬停在 Hot Side Fluid 和 Cold Side Fluid 列的表头，可以显示冷热物流的夹点温度。鼠标点击排序按钮 ，可以选择显示范围：夹点之上、夹点之下以及跨夹点的传热情况。点击每个设备的超链接，可以直接打开其在 Aspen Plus 中的详细设置。点击此页面的 **More Details** 按钮，可以切换到 **Energy Analysis** 模式（图 9-10），点击 按钮，系统提示调用 AEA（图 9-11）。点击 **Yes**，并把新文件另存为 "Example 9.1 Base Case Model.hch"。在导航栏中点击 **Scenario 1**，接着点击左下角 **Targets** 标签，即可查看夹点分析结果（图 9-12）。

Heat Exchanger	Type	Status	Base Duty [MW]	Recoverable Duty [MW]	Hot Inlet Temperature [C]	Hot Outlet Temperature [C]	Cold Inlet Temperature [C]	Cold Outlet Temperature [C]	Hot Side Fluid	Cold Side Fluid
H-1	Heater	✓	7.525	0.0	1000.0	400.0	208.5	350.0	FUEL	WARMFEED_To_HOTFEED
Reboiler@C-3	Heater	✓	1.561	0.0	175.0	174.0	121.8	128.5	MPSTM	To Reboiler@C-3_TO_DIPB
Reboiler@C-2	Heater	✓	8.745	0.0	270.0	269.0	176.3	180.5	HPSTM	To Reboiler@C-2_TO_1
Reboiler@C-1	Heater	✓	1.817	0.0	270.0	269.0	193.7	197.1	HPSTM	To Reboiler@C-1_TO_HEAVYSDuplicate
RT1 heat Exchanger	Heater	✓	0.933	0.0	1000.0	400.0	350.0	400.0	FUEL	RT1_heat
E-1	Cooler	✓	12.69	12.69	400.0	150.0	124.0	125.0	REAC-OUT_To_COOL-OUT	LPSTMGEN
E-4	Cooler	✓	3.629	2.322	197.1	90.0	15.0	20.0	HEAVYS_To_CUMFEED	CW
Condenser@C-3	Cooler	✓	2.154	0.0	100.5	97.6	15.0	20.0	To Condenser@C-3_TO_CUMENE	CW
Condenser@C-1	Cooler	✓	0.1036	0.0	41.9	33.2	15.0	20.0	To Condenser@C-1_TO_FG	CW
Condenser@C-2	Cooler	✓	7.938	0.0	101.2	97.1	15.0	20.0	To Condenser@C-2_TO_C6RYCLE	CW
E-3	Heater	✓	4.652	0.9426	270.0	269.0	88.7	230.2	HPSTM	COLDFEED_To_10
E-2	Heater	✓	0.9304	0.6066	270.0	269.0	26.6	238.2	HPSTM	12_To_WARMC3

Hot Side Pinch Temperature = 131.8 C

Above 121.8 C (Pinch)
Below 121.8 C (Pinch)
Across 121.8 C (Pinch)
✓ Show All

图 9-9　换热器结果

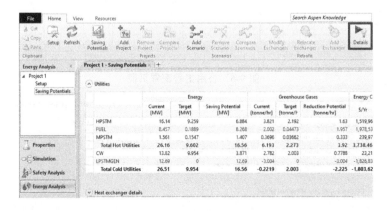

图 9-10　Energy Analysis 模式

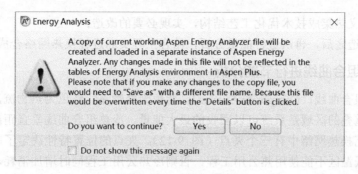

图9-11 调用 Aspen Energy Analyzer 提示

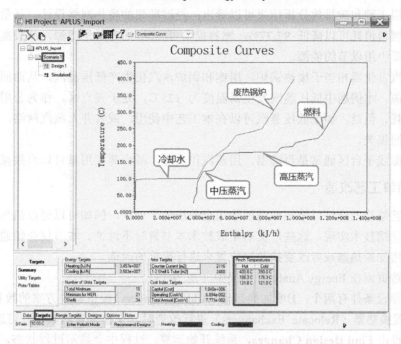

图9-12 夹点分析结果

❖ **注意：**图 9-12 中显示，现行工艺最少需要 15 个换热器，而流程模拟中（包括反应器）仅出现了 12 个，缺少 3 个换热器。这是因为本工艺中三个输送泵进出口工艺物流温度是不同的，系统采集数据时，默认是需要换热的物流。仔细分析 Aspen Plus 的模型发现，Pump 和 Heater 都具有调节温度和压力的功能，所以可以作为热交换设备模块使用。

9.2 换热网络合成

换热网络合成一般可以通过三步进行：

① 通过能量分析，确定工艺系统的最小公用工程消耗和最小换热单元数，同时分析可能和必要的节能途径；

② 通过广义热集成技术优化工艺结构，实现必要的改造；

③ 工艺改造之后，再次进行能量分析，结合工程实际进行换热网络合成。

（1）利用组合曲线进行节能分析

温焓图中组合曲线（Composite Curves），蓝色为冷物流，红色为热物流，根据夹点技术的原理，两者重叠的区域是系统可以回收的最大能量。冷热组合曲线垂直距离最近的点即是夹点，当前工艺换热网络中有三个夹点（图 9-12）。夹点的位置特性决定了高温区不能使用冷公用工程，低温区不能使用热公用工程，否则冷热公用工程同时增加消耗，尤其是两个夹点之间的夹点区，应尽量不使用公用工程。

结合公用工程和碳排放分析结果可以看出：经过理想的换热网络设计，尽量用工艺物流预热原料，燃料消耗可以降低 97.77%，燃料提供 1000℃的高品位热源，从最高温度区间加入，应该尽量少用以节约能源。

低压蒸汽发生器相当于废热锅炉，用饱和锅炉水汽化生产低压蒸汽，从而回收废热，所以作用是冷源。本例题中低压蒸汽发生器温度为 125℃，处于夹点区，作为公用工程必然导致额外的能耗。但是，如果低压蒸汽可以在本工艺中使用，或者并入蒸汽网络，也可以在一定程度上挽回损失。

冷组合曲线平台区通常是再沸器，用蒸汽作热源，减少蒸汽用量可以直接减少能耗。

（2）简单工艺改造

通过工艺结构改造可以缩短或是消除组合曲线的平台区，例如可以通过热泵、双效精馏或者热耦合精馏技术实现，这些广义热集成技术本书暂时不讨论。本节仅介绍通过调整热交换器面积、增加换热器或者改变换热器位置来进行简单的改造。

设计改造页面在 Energy Analysis 结果中（图 9-13）。

改造的预设条件有两个：①增加换热器（Add Exchangers）提供解决方案的数目，可选 1～5 个；②重置换热器（Relocate Exchangers）进行改造时，交换位置的数目，可选 1～5 个。设置完毕，点击 **Find Design Changes**，系统开始运算，过程中会显示过程状态，结束后将可行方案列于下方。

> ❖ **注意**：①换热器每次只增加一个，位置不同，最多提供 5 种不同方案；②没有工艺物流之间的换热器时，系统无法通过改变换热器换热面积或者改变换热器位置提供解决方案。

例 9-1 中，系统得到了 5 种增加换热器的节能方案（Scenario），其中方案 1 节能效果最为显著，该方案将反应产物作为 C-2 塔底再沸器的热源，替换了高压蒸汽，同时降低了废热锅炉的负荷。点击 **Add E-100** 超级链接，切换到 Energy Analysis 模式（图 9-14），可以看到，导航栏新增了 Scenario 1、2、3，其中 Scenario 2 就是新增 E-100 的方案与当前方案的比较以及对 C-2 塔底再沸器（Reboiler@C-2）和废热锅炉（E-1）的影响。

下面介绍将改造方案应用到流程的操作。

步骤 1：给 C-2 塔添加一个虚拟物流 PS1，并在设置页面将此虚拟物流设定在第 19 块塔板液相采出，等同于进入再沸器的釜液，如图 9-15 所示。

步骤 2：在 E-1 上游添加 E-100，选择 HeatX 模型，热侧进口是 REAC-OUT，冷侧进口是 PS1，指定热负荷与 C-2 塔底再沸器相等（图 9-16）。改造后工艺流程图见图 9-17。

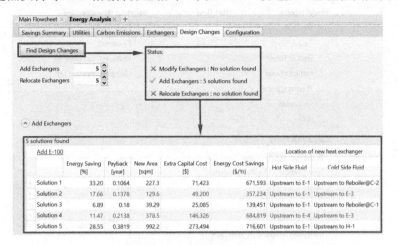

图 9-13　设计改造页面

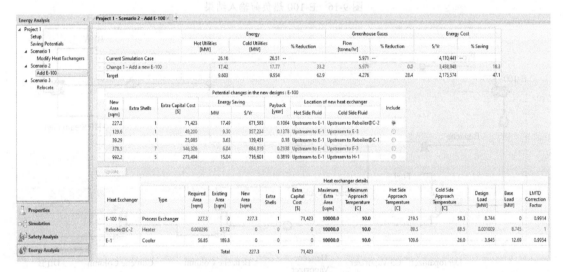

图 9-14　设计改造页面方案

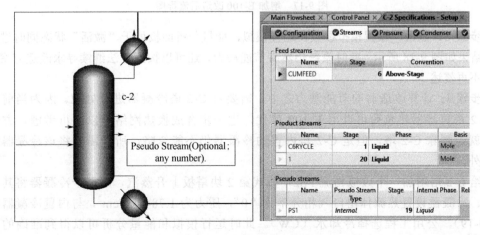

图 9-15　虚拟物流 PS1 设置

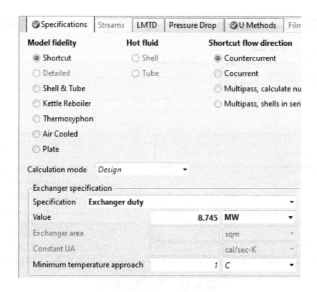

图 9-16　E-100 热负荷输入结果

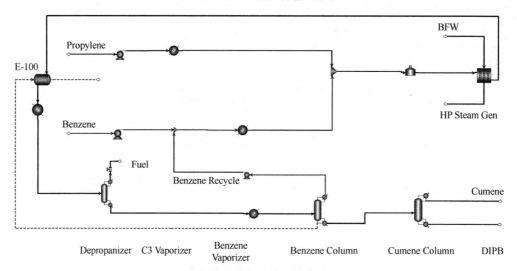

图 9-17　增加 E-100 改造后流程图

步骤 3： 点击 ![Reset] 重置模拟参数，运行模拟，能量分析面板处于"激活"状态同时进行计算，结果如图 9-18 所示，此时系统仍然有节能潜力，还可以按此方法继续寻求改造方案，本例题不再赘述。

步骤 4： 计算改造后的节能潜力之前，需要对 C-2 塔冷凝器进行处理。因为当前工艺中 C-2 塔再沸器热负荷可以用 E-100 替代，进一步合成换热网络可以不再考虑，方便的做法就是删除 C-2 塔，但是 C-2 塔内置的冷凝器仍不能忽略，所以需要将该冷凝器置换到塔外。

给 C-2 塔增加一个虚拟物流 PS2，替代第 2 块塔板上升蒸汽，用一个冷凝器将其全部冷凝。冷凝器设置热流体出口气相分率为"0"，压力为 1.7845kg/cm²，与内置冷凝器相同（图 9-19），公用工程选择冷却水（CW）。此时运行模拟和能量分析可以得到准确的节能潜力。

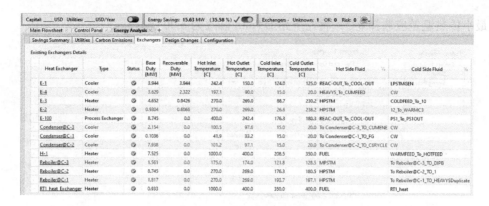

图 9-18　改造后能量分析结果

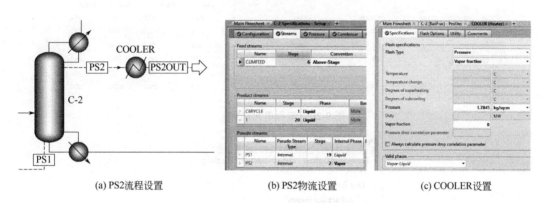

(a) PS2流程设置　　　　　(b) PS2物流设置　　　　　(c) COOLER设置

图 9-19　C-2 塔冷凝器外置替代流程及设置

流程模拟文件另存为 Example 9.1 +E-100.apw。

（3）进行换热网络合成

将 Example 9.1 +E-100.apw 另存为 Example 9.1 +E-100+HEN.apw。继续进行全流程换热网络合成之前，需要说明以下几点：

① 为了以简单明了的形式说明换热网络的集成过程，将主观地限制物流的数目，以减小篇幅，因此可能导致计算结果不够客观。

② 换热网络不提取反应器的反应热，因为从工艺流程可以看出，反应热已经用于副产高压蒸汽。

③ 为了减少工艺物流之间的匹配，强制物流不可分割。

④ 换热网络将不考虑 C-1 塔和 C-3 塔冷热公用工程的节能潜力。

步骤 1：由导航栏进入 Energy Analysis 模式。点击 **Project 1 | Setup**，在 **Flowsheet Option** 页面从 Flowsheet Selection 选项中去掉 C-1、C-2 和 C-3 的勾选（图 9-20）。在 **Data Extraction** 页面，勾选 Exclude Reaction Heat（图 9-21）。然后，点击刷新按钮 Refresh 更新能量分析数据。

步骤 2：点击 Details，调用 AEA，将换热网络文件另存为 Example 9.1 Base Case+C2R.hch。

步骤 3：计算最小传热温差。点击 **Scenario 1**，在页面左下角点击 **Range Targets** 标签，点击 **DTmin Range** 按钮（图 9-22），在弹出的窗口中输入传热温差的上下限和计算步长，然后点击 **Calculate** 开始计算（图 9-23）。结果显示，传热温差为 6℃时，总费用最低，所以理论上最小传热温差应选择6℃，将左下角 DTmin 修改为 6.00℃。

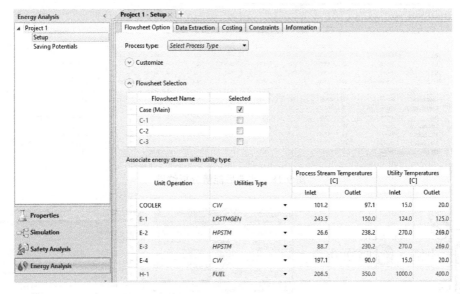

图 9-20　流程单元选择

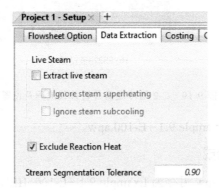

图 9-21　不提取反应热设置

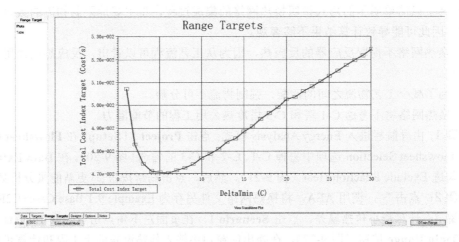

图 9-22　最小传热温差计算结果

步骤 4：利用组合曲线和节能目标进行分析。在导航栏点击 **Scenario 1**，左下角点击 **Targets** 标签，可以查看最小传热温差为 6.00℃时，换热网络的组合曲线和能量目标（图 9-24）。此时，系统存在两个夹点，最小热公用工程 2.294×10^7 kJ/h，最小冷公用工程 3.160×10^7 kJ/h，最小换热单元数为 9，最大能量回收网络（MER）的最小换热单元数为 14。此时，冷物流组合曲线的最大平台仍然是 C-2 塔再沸器，已经用 REAC-OUT 来加热，不再需要高压蒸汽。REAC-OUT 的余热和 C-1 塔底产品还可以对原料进行预热，从而减少加热炉的燃料消耗。

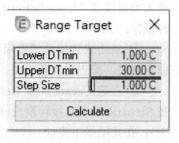

图 9-23　最小传热温差计算窗口

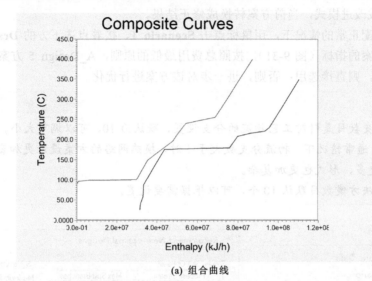

(a) 组合曲线

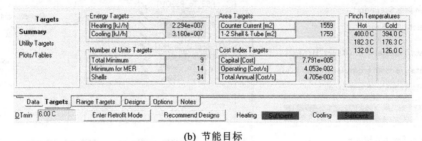

(b) 节能目标

图 9-24　改造方案的组合曲线和节能目标

步骤 5：换热网络设计。鼠标右键点击 **Scenario 1**，弹出工具菜单（图 9-25），选择 **Recommend Designs**，弹出物流分割和计算选项菜单（图 9-26），将物流最大分支数目（Max Split Branches）都设定为 1，即不允许分割，最大解决方案（Maximum Designs）设定为 10 个，点击 **Solve** 按钮开始求解计算。

如果能够求解，系统会给出 10 个设计方案。但是，并非所有方案都能够顺利匹配，例如匹配结果出现"金色"换热器（A_Design7 设计方案，图 9-27），双击这种单元（如 E-103），弹出的详细页面（图 9-28）提示冷热物流因为温度交叉（传热温差小于最小传热温差限制）而不能正常匹配。这种情况可以在导航栏中相应方案上点击鼠标右键，弹出工具菜单，点击进入改进模式（Enter Retrofit Mode），弹出选项（Options）菜单（图 9-29）。此时可以选择三种操作：

① 忽略或直接关闭选项菜单，如果可以修正的话，则原方案在 Scenario 1 中直接转换成修正结果，警告的黄色消失，如图 9-30 Scenario 1 中 A_Design 1 和 A_Design 2；

② 点选 **Create New Retrofit Scenario**，并点击 **Enter Retrofit Environment**，则原方案在 Scenario 1 中直接转换成修正结果，并同时新建一个改进模式场景 Scenario 11（蓝色文件夹），在此场景下生成一个与当前方案名称相同的修正结果，如图 9-30 中的 Scenario 11 下的 A_Design 3；

③ 点选 **Convert to Retrofit Scenario**，并点击 **Enter Retrofit Environment**，则直接将 Scenario 1 转换成改进模式，当前方案转换成修正结果。

所有方案匹配正常的情况下，用鼠标点击 **Scenario 1**，接着点选下方的 **Designs** 标签，可以查看各个方案的指标（图 9-31），按照总费用最低的原则，A_Design 5 方案最优。如果此方案切实可行，则直接选用；否则，进一步对该方案进行优化。

❖ **注意：**

① 最大分支数目是针对工艺物流的分支设置，默认为 10，可以调节大小，需要根据实际情况分析。通常情况下，物流分支数大于 1 时，换热网络的方案设计更加容易，可行的方案数目也更多，形式也更加复杂。

② 最大解决方案数目默认 10 个，可以根据需要设置。

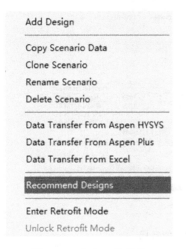

图 9-25　方案工具菜单　　　　　　　图 9-26　物流分割和计算选项菜单

步骤 6：换热网络调优。换热网络的成本构成有三个方面，分别为换热器个数、换热面积和公用工程消耗，换热网络合成的目标是实现三者的总费用最小，AEA 推荐的网络已经在理论上综合考虑了这些因素。但是，现实中还需要考虑更加实际的工程问题。

① 网络中冷热公用工程都有串联使用的现象，理论上梯级利用热源或者冷源都能够实现节能，但是工程应用中，从设计到运行，公用工程都按照一定的规格使用，梯级利用并不常见；而且，串联使用时，由于温控对公用工程物流流量的调节，使得公用工程的出口温度并不稳定，也使得串联使用时实际温控难以精确实现，所以应尽量并联使用。

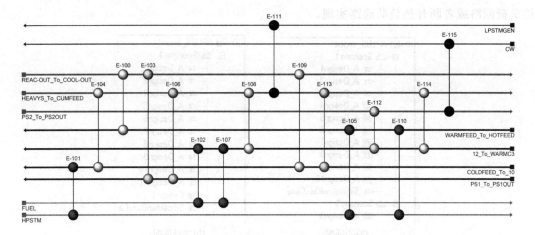

图 9-27　存在匹配不正常换热单元的网络

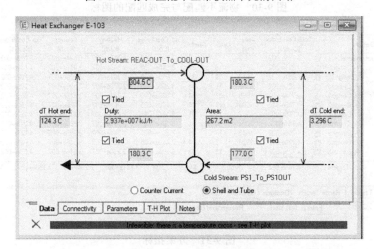

图 9-28　不正常换热单元详细信息

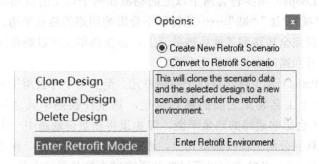

图 9-29　利用改进模式调整不正常换热单元

在右键菜单（Loops）中，选择任意一个 "列明的循环" 下的 "打开循环"，然后选择某个单元打开之后，通过单击 "断开" 改变循环。依据一个温度回收的流体单元，单击某个想删除的十字回收单元（这里选择 E-109 单元）上的 "断开"，弹出 "拆分能量回收 十字单元" 对话框。

随着匹配单元 E-109 的删除，在某个列出的单元上出现新的显示，随着单元 E-105 被删除，会出现一个新的单元显示在某列上。通过 E-109 单元删除匹配，在某个流中会出现多个变化。删除单元 E-109，该单元从左侧单元连接至右侧单元，此时将出现多个数量增减的情况。

通过在右键菜单，选择 "删除"，选择某某删除单元及改良单元后的结果值，最后单击确定，弹出的菜单中。

随后右键，选 A_Design，在某 "改良模式"，打开后，另一个有一个删除。

② 在工艺中距离很远的工艺物流之间匹配，造成压头和热量的损失，管道成本增加，应在网络中删除。

③ 工艺物流之间换热面积非常小的换热器在工程中是不经济的，可以从网络中删除。

④ 能量最优的换热网络中往往换热器个数较多，使得设备、管道和仪表费用增加，工艺结构过于复杂，维护费用也会增加，所以工程中应尽可能减少换热器数目，可以通过打开

热负荷回路或者断开热负荷通路实现。

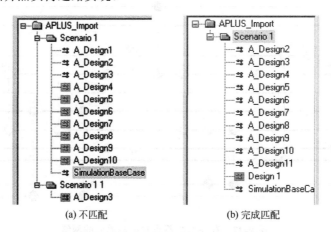

(a) 不匹配   (b) 完成匹配

图 9-30 物流不匹配与完成匹配的图标

Design	Total Cost Index [Cost/s]	Area [m2]	Units	Shells	Cap. Cost Index [Cost]	Heating [kJ/h]	Cooling [kJ/h]	Op. Cost Index [Cost/s]
SimulationBaseCase	8.259e-002	656.2	7	8	2.724e+005	4.718e+007	5.584e+007	8.032e-002
A_Design9	4.881e-002	2113	18	37	8.960e+005	2.345e+007	3.210e+007	4.132e-002
A_Design10	4.881e-002	1940	19	38	8.619e+005	2.361e+007	3.226e+007	4.160e-002
A_Design4	4.800e-002	1953	18	34	8.268e+005	2.270e+007	3.136e+007	4.109e-002
A_Design1	4.794e-002	1969	21	38	8.820e+005	2.251e+007	3.116e+007	4.056e-002
A_Design7	4.785e-002	1606	19	34	7.479e+005	2.361e+007	3.226e+007	4.160e-002
A_Design2	4.765e-002	1977	19	34	8.434e+005	2.250e+007	3.116e+007	4.060e-002
A_Design6	4.751e-002	2003	16	31	8.106e+005	2.271e+007	3.136e+007	4.073e-002
A_Design8	4.746e-002	1638	18	31	7.399e+005	2.344e+007	3.209e+007	4.127e-002
A_Design3	4.728e-002	2023	18	34	8.458e+005	2.251e+007	3.116e+007	4.021e-002
A_Design5	4.725e-002	2029	18	33	8.384e+005	2.250e+007	3.116e+007	4.024e-002
Targets	4.705e-002	1759	14	34	7.791e+005	2.294e+007	3.160e+007	4.053e-002

| Data | Targets | Range Targets | **Designs** | Options | Notes |

DTmin 6.00 C   Enter Retrofit Mode   Recommend Designs

图 9-31 方案指标

热负荷回路（Loops）至少包含两个以上的物流和两个以上的换热单元，热量在换热单元之间进行"加""减""加""减"……地转移不会影响回路的热量平衡，即如果将回路中一个换热单元的热负荷完全转移到其他换热单元上，该换热单元可以删除（称之为打开回路），意味着可以通过打开回路减少换热单元个数。

热负荷通路（Paths）至少包含奇数个换热单元，至少一个冷公用工程换热单元、热公用工程换热单元和一个工艺物流之间的换热单元，热量在换热单元之间"加""减""加""减"……地转移不会影响通路的热量平衡，即如果将热负荷通路中一个工艺物流之间的换热单元的热负荷转移到公用工程换热单元上，该换热单元可以删除（称之为断开通路，此时冷热公用工程同时增加），意味着可以通过断开通路减少换热单元个数。

打开热负荷回路和断开热负荷通路是减少换热网络中换热单元的必要手段，有关理论和应用的详细信息请参考相关书籍。

根据以上考虑，对 A_Design5 方案进一步调优。为了保留一个初始的 A_Design5 方案进行对比，点选 **Create New Retrofit Scenario**，生成一个新场景和一个新方案并进入改进模式，如图 9-32 所示。

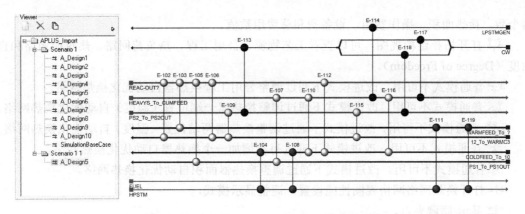

图 9-32　改进模式下 A_Design5 初始换热网络

换热网络常用设计工具快捷菜单栏如图 9-33 所示。改进模式下，可以对初始换热网络进行自动调优，也可以手动调节。

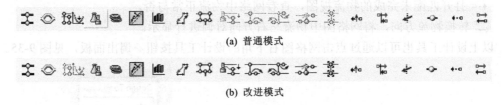

(a) 普通模式

(b) 改进模式

图 9-33　普通模式和改进模式下换热网络快捷菜单

各符号的功能如下：

⚙ 增加换热器，每次可在物流间添加一个换热器。用鼠标右键拖动快捷方式，在空白区域鼠标指针显示禁止符号 ⊘，到可以添加换热器的物流上显示标靶符号 ◎，此时释放鼠标右键可以在该物流上添加一个换热器，显示一个红色的圆点 ●。然后用鼠标左键拖动该圆点到与之匹配的物流，即可完成一次匹配。

◉ 增加物流分支，每次可在物流上添加一个分支。用鼠标右键拖动快捷方式，在空白区域鼠标指针显示禁止符号 ⊘，到可以添加分支的物流上显示标靶符号 ◎，此时释放鼠标右键可以在该物流上显示一个蓝色的圆点 ●，用鼠标左键点击一下完成一个分支的添加 ◇。如需添加更多分支，只需用鼠标右键点击分支端点，在弹出菜单中选择 **Add Branch** 即可。反之，如需删除分支则在分支物流上点击右键，选择 **Delete Split**。

⚙ 打开优化视图，可以对现有换热网络进一步优化设计，改进模式下不可用；在普通模式下，可以选择优化目标和设置优化变量（图 9-34），优化目标可以是年度成本最小或者换热面积最小，优化变量可以选择换热器热负荷和物流分割比，设置完毕后点击 **OK** 按钮计算得到可行的优化方案。

⚙ 打开网络性能视图。

⚙ 打开网络成本视图。

⚙ 打开传热推动力视图，查看各换热器冷热物流的传热温差。

⚙ 打开换热器换热面积条状图视图，可以查看各换热器的换热面积。

⚙ 打开优化目标视图，查看夹点法设计的能量最优换热网络最小冷热公用工程、换热器个数、换热面积、操作费用、设备费和总费用数值。

⟐⟐ 打开拓扑结构视图，可以查看工艺物流、公用工程、热负荷回路、热负荷通路和自由度（Degree of Freedom）。

⟐⟐ 普通模式不可用，改进模式下通过调整公用工程换热器自动优化换热网络。

⟐⟐ 普通模式不可用，改进模式下通过调整换热器一端位置（温度）自动优化换热网络。

⟐⟐ 普通模式不可用，改进模式下通过调整换热器两端位置（温度）自动优化换热网络。

⟐⟐ 普通模式不可用，改进模式下通过每次增加一个换热器自动优化换热网络。

⟐⟐ 普通模式不可用，改进模式下通过调整换热器面积自动优化换热网络。

⟐⟐ 打开换热网络网格视图性能设置，调整显示模式。

⟐⟐ 显示/隐藏夹点。

⟐⟐ 打开跨夹点负荷视图，查看换热网络中有哪些换热器跨过夹点温度传热及其热负荷分布及总量。

⟐⟐ 打开换热器状态视图，查看网络中换热器正常与否。

⟐⟐ 打开匹配未完成的物流视图，查看网络中物流正常与否。

⟐⟐ 转换物流方向，将网格图中物流左右方向对调进行显示。

以上设计工具也可以通过点击网格图右下角的设计工具按钮⟐调出面板，见图9-35。

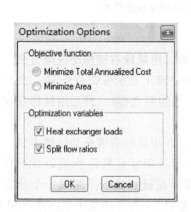

图 9-34　普通模式下换热网络调优目标函数和优化变量设置

图 9-35　换热网络设计工具面板

下面对 A_Design5 逐步调优。

步骤 1：调整公用工程换热单元。不同工艺物流梯级利用串联换热单元的改成并联使用；同一物流使用同一公用工程串联多个换热单元的，当换热面积较小时可以合并成一个换热单元，换热面积较大时并联使用换热单元。

首先，调整冷公用工程中的换热单元。

A_Design5 中冷却水物流的 3 个换热单元需并联使用，需要增加一个分支。具体操作步骤是用鼠标右键点击分支的一端端点，在弹出的菜单中点击查看［**View**，图 9-36（a）］，在分支编辑器［Split Editor，图 9-36（b）］表单中可以看到现有两个分支分割比为 0.196 和 0.804，

此时用 **Adding Branch** 按钮添加一个分支，将串联的换热单元 E-113 用鼠标左键拖到新建分支上，并通过修改分支编辑器蓝色数字调整 3 个分支分割比为 0.025、0.095 和 0.880〔图 9-36（c）〕，使冷却水出口温度均不高于设定温度（本例中为 20℃）。

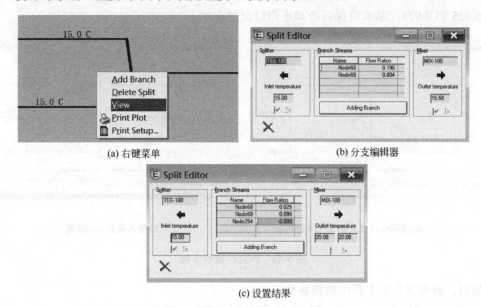

(a) 右键菜单   (b) 分支编辑器

(c) 设置结果

图 9-36　冷却水分割比的设置

进一步分析发现，E-113 和 E-118 换热面积分别为 $54.0m^2$ 和 $5.4m^2$（图 9-37），且同为 C2 塔顶冷凝器（物流 PS2_TO_PS2OUT），可以合并成一个换热单元。较为简单的一种操作步骤如下：

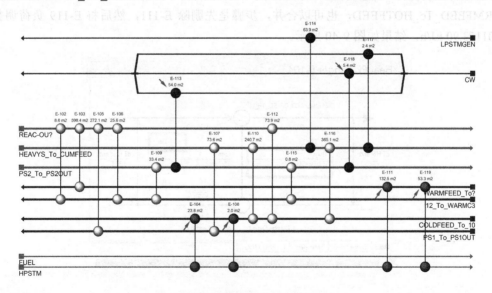

图 9-37　需要调整公用工程换热单元

（i）删除中间冷凝器 E-113，保留最末端的冷凝器 E-118，以免调整参数过多。

（ii）将 E-113 的负荷叠加到 E-118，调整后 E-118 热负荷为 26645101.29kJ/h。操作方法是鼠标左键点击 E-118，再将新的热负荷数值直接输入或 Ctrl+V 粘贴到 Duty 数据框，如图 9-38 所示。

（iii）删除 E-113 所在的冷却水分支物流。

（iv）调整冷却水物流分割比，使出口温度合理。E-117 和 E-118 所在分支分割比调整结果为 0.025 和 0.975，基本可保证冷却水出口温度合理。

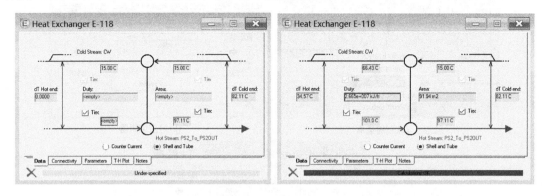

(a) 删除 E-113 之后 E-118 的状态　　　　　(b) 输入新负荷的结果

图 9-38　E-118 调整步骤

然后，调整热公用工程中的换热单元。

从图 9-37 可以看出，E-104 和 E-108 都是高压蒸汽（物流 HPSTM，Aspen Plus 和 AEA 中规定 270℃时为高压蒸汽）预热低温进料（物流 COLDFEED_To_10），换热面积分别为 23.8m^2 和 2.0m^2，两者可以合并。步骤是先删除 E-108，然后将 E-104 负荷调整为 7202596.08kJ/h，此时注意将冷物流进口温度绑定，结果如图 9-39 所示。同理，E-111 和 E-119 都是预热 WORMFEED_To_HOTFEED，也可以合并，步骤是先删除 E-111，然后将 E-119 负荷调整为 15301173.90 kJ/h，结果如图 9-40 所示。

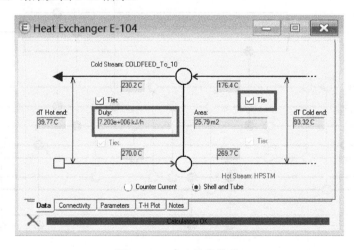

图 9-39　E-104 调整结果

最后，将 HPSTM 分割成两个分支，分别匹配 E-104 和 E-119，分割比为 0.33 和 0.67，此时能保证冷凝水温度不低于 269℃。

公用工程换热单元调整完毕的换热网络网格如图 9-41 所示。

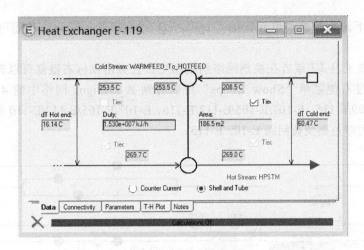

图 9-40　E-119 调整结果

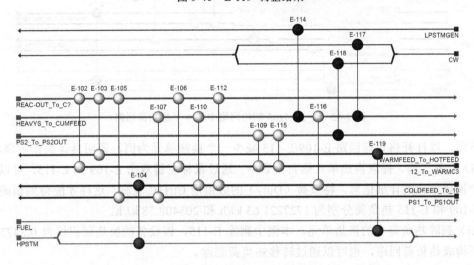

图 9-41　公用工程换热单元调整完毕的换热网络网格图

❖ **注意：**

① 关于公用工程物流分割比的设置值，本例题中分支较少，分割比可以比较粗略，如果分支比较多，则需要根据每一分支的热负荷计算所需要的流量，进而得到确切的分割比。公用工程的总流量在 AEA 中是有上限规定的，可以用鼠标右键菜单中的 View 查看主物流或者分支物流质量流量。

② 物流分支的命名是 AEA 随机分配的，一般表示成 Node×××。

③ 冷却水温度受气候和地域影响，进口 15℃，出口 20℃并非严格设置，可以根据实际情况调整，一般出口温度低于 40℃结垢风险不大。本例中 E-113 与 E-118 合并后，导致出口温度略高于 20℃，可忽略。

步骤 2：打开热负荷回路。通过打开热负荷回路减少换热单元个数是换热网络调优的一个主要目标。逐个打开热负荷回路，必要的情况下通过"能量松弛"技术（参看张卫东等主编的《化工过程分析与合成》第二版 7.5.2 小结）恢复传热温差，从而减少一个换热单元。思路是选择回路中热负荷最小的换热单元为目标，以其负荷 Q 为迁移热量，从回路中该换热单元的上游或下游毗邻换热单元开始 "$+Q$" "$-Q$" "$+Q$" "$-Q$" ……从而可以删除该换热单元。

用拓扑视图工具 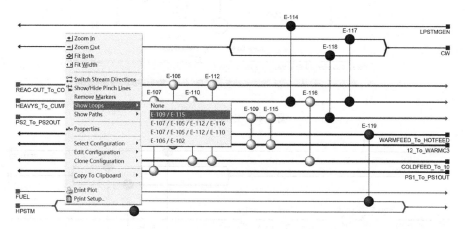 或者在换热网络网格图空白处点击鼠标右键都可以查看网络中的热负荷回路。通过右键菜单 "Show Loops" 可以看到 A_Design5 网络中的 4 个热负荷回路（图 9-42），E-109/E-115、E-107/E-105/E-112/E-116、E-107/E-105/E-112/E-110 和 E-106/E-102，图中高亮显示的即是热负荷回路 E-109/E-115。

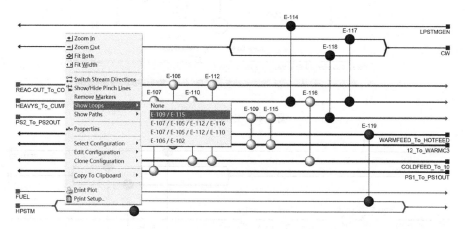

图 9-42　A_Design5 初始网络中的 4 个热负荷回路

下面，以打开热负荷回路 E-109/E-115 减少一个换热单元为例，说明具体操作步骤。

（ⅰ）准备工作，提取换热单元热负荷数据。通过鼠标左键双击 E-109 和 E-115，可以显示这两个换热单元的详细信息，将负荷（Duty）的数值用 Ctrl+C 复制，这样才能得到精确的数据。E-109 和 E-115 热负荷分别为 1727221.63 kJ/h 和 205408.58 kJ/h。

（ⅱ）删除热负荷小的换热单元。本例中删除 E-115，该设备的换热面积仅为 0.8473m²，即便不构成热负荷回路，也可以通过转移热负荷删除。

（ⅲ）转移热负荷，将 E-115 的负荷叠加到 E-109 中，结果见图 9-43。

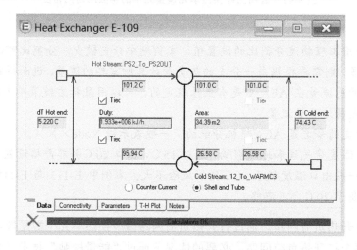

图 9-43　E-109 和 E-115 换热单元热负荷叠加结果

其他 3 个热负荷回路打开后，都会导致传热温差不够，不增加公用工程换热单元进行能量松弛，无法完成匹配，读者可以自行尝试。打开热负荷回路 E-109/E-115 后的换热网络见图 9-44。

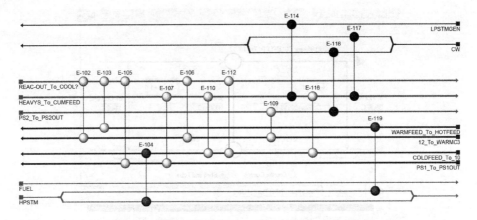

图 9-44　打开热负荷回路 E-109/E-115 后的换热网络

步骤 3：断开热负荷通路。断开热负荷通路与打开热负荷回路的思路类似，选择回路中热负荷最小的换热单元为目标，以其负荷 Q 为迁移热量。此时，通路两端都是公用工程换热单元，从任一公用工程换热单元开始"$+Q$""$-Q$""$+Q$""$-Q$"……若此过程中不存在传热温差问题，且迁移到目标单元恰好是"$-Q$"时，则可以删除该换热单元，冷热公用工程同时增加热负荷 Q。

通过右键菜单 **Show Paths** 可以看到图 9-44 网络中的 20 个热负荷通路（图 9-45）。

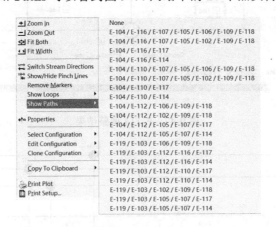

图 9-45　换热网络中的 20 个热负荷通路

下面，以打开热负荷通路 E-104/E-110/E-114 减少一个换热单元为例，说明具体操作步骤。

（i）准备工作，提取换热单元热负荷数据。E-104、E-110 和 E-114 热负荷分别为 7202596.08kJ/h、2521423.95kJ/h 和 3891293.89kJ/h。

（ii）迁移热负荷。E-104 和 E-114 都增加 E-110 的热负荷，叠加后分别为 9724020.03kJ/h 和 6412717.84kJ/h，删除换热单元 E-110。由于删除了 E-110，E-104 需要绑定冷物流入口温度（图 9-46），E-114 需要绑定热物流入口温度（图 9-47）才能完成匹配。

此时的换热网络如图 9-48 所示。

除此之外，热负荷通路 E-104/E-110/E-117、E-104/E-116/E-114 和 E-104/E-116/E-117 如有必要也可以断开，读者可以自行尝试。但是其余的通路由于传热温差的限制，无法直接断开。

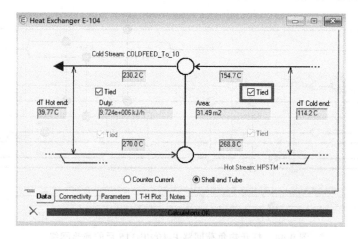

图 9-46　E-104 调整结果

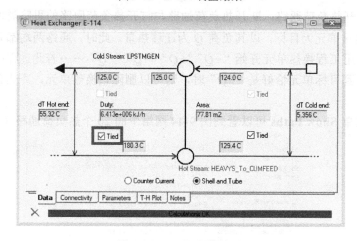

图 9-47　E-114 调整结果

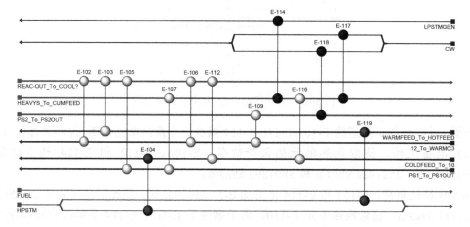

图 9-48　断开热负荷通路 E-104/E-110/E-114 后的换热网络

扫码看资源

第10章

Aspen Plus 实训

实训一　Aspen Plus 基本操作方法

一、实训目的

1. 熟悉 Aspen Plus 用户界面、单元模块类型和主要功能；
2. 熟练掌握 Aspen Plus 组分输入、流程建立和物性方法选择的方法和技巧。

二、实训内容

三塔精馏是目前甲醇精馏应用最广泛的工艺，与双塔精馏工艺的最大不同是将精馏过程分为加压精馏和常压精馏，充分利用加压精馏塔冷凝器的高品位热能作为常压精馏塔再沸器的热源，减少公用工程蒸汽量的消耗，达到节能降耗的目的。

如图1所示，三塔精馏流程共由三个精馏塔构成，T1 为预精馏塔，用于分离低沸点杂质，预精馏塔塔顶物料经泵加压后送入加压精馏塔 T2，加压精馏塔塔底物料直接送入常压精馏塔 T3。加压精馏塔塔顶物料进入常压精馏塔再沸器 HEATX，与常压精馏塔塔底物料换热后进入分流器 FSPLIT，一部分作为精甲醇产品，另一部分经泵加压后回流至加压精馏塔。常压精馏塔塔顶得到精甲醇产品，下部设杂醇油采出口，塔底采出废水。

表1为粗甲醇的组成，试在 Aspen Plus 中输入粗甲醇组成、选择物性方法 NRTL-RK 和建立图1所示三塔精馏模拟流程。

表 1　粗甲醇的组成

组分	CO$_2$	甲醇	二甲醚	甲酸甲酯	乙醇	正丙醇	仲丁醇	水
质量分数/%	1.00	90.50	0.35	0.25	0.25	0.10	0.05	7.50

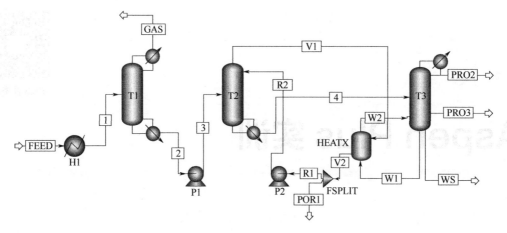

图 1　甲醇三塔精馏流程

三、实训注意事项

1. 较复杂的组分通过分子式查找输入组分；
2. 精馏塔从塔器（Columns）类型的 RadFrac 单元模型选择合适图标；
3. 可以通过右键图标点击 **Rotate Icon** 选项旋转图标，调整物料线的方向。

四、实训要求

1. 将文件保存为 Experiment 1.apw；
2. 记录具体的模拟步骤和参数设置。

实训二　Aspen Plus 物性分析运用

一、实训目的

1. 熟悉 Aspen Plus 物性分析和估算方法；
2. 熟练运用 Aspen Plus 物性分析功能生成二元体系的 T-x-y 和 y-x 曲线。

二、实训内容

1. 运用物性分析功能做出甲醇/水体系在 0.1MPa 下的 T-x-y 和 y-x 曲线，物性方法选择 NRTL；
2. 运用物性分析功能计算乙醇/水体系在 50kPa、101.325kPa、1333kPa 压力下共沸组成变化情况，物性方法选择 NRTL-RK；

3. 估算 4-联苯乙酮（4-phenyl-acetophenone）的物性。已知：4-联苯乙酮分子式 $C_{14}H_{12}O$，分子量 196.24，熔点 120.5℃，沸点 326℃，结构式如图 1 所示。

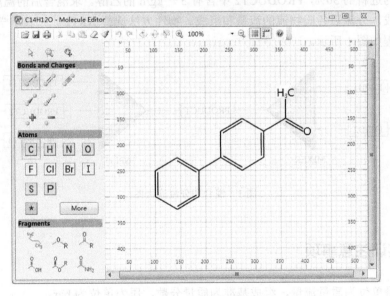

图 1　4-联苯乙酮结构式

三、实训注意事项

1. 本实训为物性分析，不需要进入软件模拟页面；

2. 实训内容 1：在选择完物性方法后点击主页右上方菜单中的 **Binary**，进入双组分分析项目 **BINRY-1** 页面，其他参数根据需要选择；

3. 实训内容 2：进入 **BINRY-1 | Input | Binary Analysis** 页面，压力设置栏目中的 List of Values 中输入 50kPa、101.325kPa、1333kPa 三个压力值，注意修改压力单位为 kPa；

4. 实训内容 3：4-联苯乙酮的结构式可以在 ChemDraw 中绘制后保存为*.mol 格式，然后在 **Components | Molecular Structure | C14H12O | Structure** 打开 Molecule Editor，点击右上角的文件夹图标打开保存的文件，即可导入 4-联苯乙酮的结构式，如图 2 所示。

图 2　4-联苯乙酮结构式导入

四、实训要求

1. 将三个实训内容文件分别保存为 Experiment 2-1.apw、Experiment 2-2.apw 和 Experiment 2-3.apw；

2. 记录具体的模拟步骤、参数设置和模拟结果。

实训三　物料混合和分流

一、实训目的

1. 了解简单单元模拟的单元操作类型；
2. 掌握混合器和分流器模块的基本概念、基本知识和具体操作步骤和过程；
3. 掌握混合器和分流器模块的流程图设计、模块选择、参数设置等技能。

二、实训内容

将 10** kg/h 的低浓度酒精 [乙醇 10%（质量分数），水 90%（质量分数），30℃，2bar]
与 7** kg/h 的高浓度酒精 [乙醇 95%（质量分数），水 5%（质量分数），20℃，1.5bar] 混合，
然后进入分流器分成三股产品 PRODUCT1、PRODUCT2 和 PRODUCT3，要求 PRODUCT1
的质量流量为进料的 30%，PRODUCT2 中含有 5** kg/h 的乙醇。求混合后的温度、密度、质
量流量、组成，分流后各股物流的流量和组成。物性方法选择 NRTL。** 表示学号后两位。

模拟流程如图 1 所示。

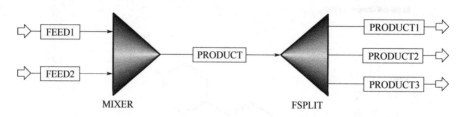

图 1　混合和分流流程图

三、实训注意事项

物料流量单位为质量流量，组成基准为质量分数，压力单位为 bar。

四、实训要求

1. 将文件保存为 Experiment 3.apw；
2. 按 Aspen Plus 操作步骤操作，观察各模块的模拟结果；
3. 记录具体的模拟步骤、参数设置和模拟结果（表 1）。

表 1 模拟结果

模拟结果	FEED1	FEED2	PRODUCT	PRODUCT1	PRODUCT2	PRODUCT3
温度/℃						
质量流量/(kg/h)						
密度/(kg/m³)						
乙醇（质量分数）/%						
水（质量分数）/%						

实训四 流体输送模拟

一、实训目的

1. 熟悉泵、阀门和管线模块的基本概念、基本知识和具体操作步骤与过程；
2. 掌握泵、阀门和管线模块的流程图设计、模块选择、参数设置等技能。

二、实训内容

一离心泵输送流量为 9*.* m³/h（**为学号后两位，如学号为 15 时，此处为 91.5m³/h）的水，水的压强为 0.15MPa，温度为 25℃。泵的出口有一公称直径为 6 英寸的截止阀，阀门的规格为 V500 系列的线性流量阀，开度为 40%。水从截止阀出口经过 φ108mm×4mm 的管线流出。管线首先向东延伸 10m，再向北 5m，再向东 15m，再向南 3m，然后升高 10m，再向东 5m。管内壁粗糙度为 0.05mm。泵的特性曲线数据如表 1 所示。

表 1 泵的特性曲线数据

流量/(m³/h)	70.0	90.0	109.0	120.0
扬程/m	59.0	54.2	47.8	43.0
效率/%	64.5	69.0	69.0	66.0

求泵的出口压力，提供给流体的功率，泵所需要的轴功率，阀门的出口压力，管线出口处的压力。（物性方法采用 NRTL。）

模拟流程如图 1 所示。

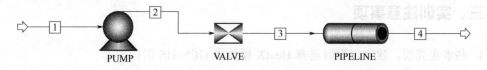

图 1 流体输送模拟流程

三、实训注意事项

1. 泵和管线"Flash Options"页面有效相态选择"Liquid-Only";
2. 管段几何选择"Enter node coordinates";
3. 管径和粗糙度的单位选择"mm"。

四、实训要求

1. 将文件保存为 Experiment 4.apw;
2. 按 Aspen Plus 操作步骤操作,观察各模块的模拟结果;
3. 记录具体的模拟步骤、参数设置和模拟结果。

实训五　换热器的模拟与设计

一、实训目的

1. 了解换热器 Heater 与换热器 HeatX 单元的基本概念、基本知识和具体操作步骤;
2. 掌握换热器 Heater 与换热器 HeatX 单元的流程图设计、模块选择、参数设置等技能;
3. 掌握换热器设计软件 Aspen EDR 的基本操作和技能。

二、实训内容

用 300**kg/h 的热水(0.4MPa、140℃)加热 50**kg/h 甲醇(40℃、0.2MPa)。离开换热器的热水温度为 100℃,管壳层压降均为 0.02MPa。物性方法用 RK-SOAVE。**为学号后两位。

(1)用 HeatX 的简捷法计算设计一管壳式换热器(热水走壳程),换热器传热系数根据相态选择,求甲醇出口温度、相态、换热器的热负荷、需要的换热面积;

(2)用 Aspen EDR 设计能满足实训要求的单管程单壳程管壳式换热器(热水走壳程)。换热器模拟流程如图 1 所示。

三、实训注意事项

1. 热水走壳层,建立流程时选择 HeatX 模块中 GEN-HS 图标;
2. 输入负值表示压降;

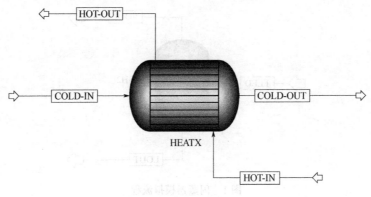

图 1　换热器模拟流程

3. 简捷法计算时换热器模式选择 Design；
4. 各参数单位选择要正确；
5. Aspen EDR 缺少参数需自行设定或者参考第 5 章例题设置。

四、实训要求

1. 将文件保存为 Experiment 5.apw 和换热器设计.EDR；
2. 按 Aspen Plus 操作步骤操作，比较简捷法计算和 EDR 设计的结果；
3. 记录具体的模拟步骤、参数设置和模拟结果。

实训六　丙酮和水的闪蒸分离

一、实训目的

1. 了解分离器单元的基本概念、基本知识和具体操作步骤；
2. 掌握闪蒸分离的流程图设计、模块选择、参数设置等技能；
3. 掌握设计规定和灵敏度分析的基本操作。

二、实训内容

流量为 10**kg/h，压力为 0.2MPa，温度为 20℃，丙酮和水的质量分数分别为 70% 和 30%。

（1）进行等压闪蒸回收丙酮，求丙酮回收率为 90.**% 时的蒸发器温度和热负荷以及气、液两相的流量和组成；

（2）进行部分蒸发回收丙酮，蒸发器热负荷为 2**kW。分析雾沫夹带对气相丙酮分率和丙酮回收率的影响。

物性方法用 NRTL。** 为学号后两位。闪蒸器模拟流程如图 1 所示。

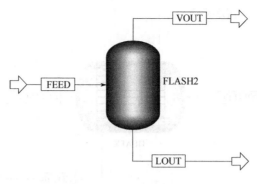

图 1　闪蒸器模拟流程

三、实训注意事项

1. 闪蒸器模块温度需要设定一个初值；
2. 设计规定和灵敏度分析变量要正确设置，可以先设置气相和进料中丙酮的流量为变量，再定义两者比值即为回收率；
3. 各参数单位选择要正确。

四、实训要求

1. 将文件保存为 Experiment 6-1.apw 和 Experiment 6-2.apw；
2. 记录具体的模拟步骤、参数设置和模拟结果。

实训七　甲醇/水精馏塔的简捷法计算

一、实训目的

1. 了解精馏塔简捷法设计型计算的模拟；
2. 掌握简捷法计算的基本概念、基本知识和具体操作步骤与过程；
3. 掌握简捷法计算模块的流程设计、模块选择、参数设置等技能。

二、实训内容

将 1** kg/h（**表示学号后两位数字）的甲醇水溶液，其中甲醇 40%（质量分数）、水 60%（质量分数），45℃、35kPa（表压）进料，分离得到塔顶产品：质量分数≥99.9%的精甲醇，甲醇回收率≥0.999，水回收率≤0.001。操作参数为：冷凝器压力 20kPa（表压），再沸器压力 40kPa（表压），回流比为最小回流比的 1.2 倍。求精馏塔最小回流比、最小理论板数、实际回流比、实际板数、进料位置以及塔顶和塔底产品的温度、质量流量和组成，并生成回流比随理论板数变化的曲线。物性方法选择 NRTL。模拟流程如图 1 所示。

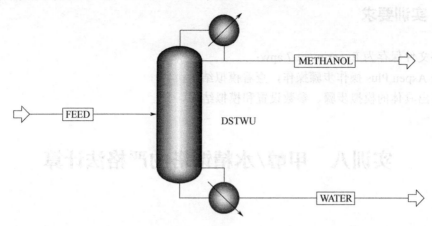

图 1　简捷法精馏模拟流程

三、实训注意事项

1. 物料流量单位和组成基准选择；
2. 轻重关键组分塔顶回收率的确定；
3. 生成回流比和理论板数关系设置，在 **Blocks | DSTWU | Input | Specifications** 和 **Blocks | DSTWU | Input | Calculation Options** 页面勾选"生成回流比和理论板数关系"选项，选择优化的回流比和理论板数（图 2）；

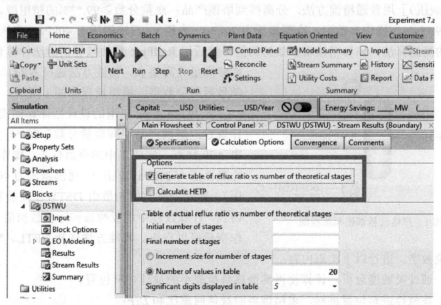

图 2　生成回流比和理论板数关系设置

4. 再沸器和冷凝器的压力设置是否正确；

5. 再沸器和冷凝器形式的设置是否正确。

四、实训要求

1. 将文件保存为 Experiment 7.apw；
2. 按 Aspen Plus 操作步骤操作，查看模拟结果；
3. 写出具体的模拟步骤、参数设置和模拟结果。

实训八　甲醇/水精馏塔的严格法计算

一、实训目的

1. 了解精馏塔和吸收塔严格法计算的模拟；
2. 掌握严格法计算的基本概念、基本知识和具体操作步骤与过程；
3. 掌握严格法计算模块的流程设计、模块选择、参数设置等技能。

二、实训内容

1. 将一股 15000kg/h 的低浓度甲醇 [甲醇 40%（质量分数），水 60%（质量分数），45℃，35kPa（表压）] 用普通精馏方法，分离得到塔顶产品：质量分数≥99.**%的精甲醇，甲醇回收率≥99.** %。操作参数为：冷凝器压力 20kPa（表压），再沸器压力 40kPa（表压）。参考实训七的简捷算法，估算精馏塔参数的初值；然后用 RadFrac 模块核算简捷法计算初值是否能够满足分离要求。物性方法选择 NRTL。**表示学号后两位数字。模拟流程如图1所示。

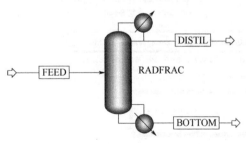

图 1　严格法精馏模拟流程图

2. 用 RadFrac 模型的设计型计算模式，添加设计规定：塔顶产品甲醇质量分数≥99.** %，回收率≥99.** %，完成 1 中的分离任务。操作参数为：冷凝器压力 20kPa（表压），再沸器压力 40kPa（表压）。精馏塔参数的初值由 DSTWU 简捷算法计算得到，计算过程中塔板数按实际板数初值设置，操作变量可以自选。物性方法选择 NRTL。**表示学号后两位数字。进行以下实训内容：

（1）通过灵敏度分析，计算使再沸器热负荷最小的最佳进料位置；

（2）按最佳进料位置进料，求精馏塔的最佳回流比和 D/F；

（3）设计并校核满足本实训分离任务的填料精馏塔，并控制各板液泛率 [% capacity（constant L/V）] 均在 40%～80%之间。

三、实训注意事项

1. 实训思路。以学号尾号 15 为例，设计目标为塔顶产品甲醇质量分数≥99.15%，回收率≥99.15%。先用 DSTWU 模块估算所需理论板数、回流比、进料位置和 *D/F* 值，然后参考第 7 章图 7-21 所示 RadFrac 模块步骤，进行甲醇/水精馏塔的严格法计算。

首先，用简捷算法估算精馏塔参数。在进料条件下，设置精馏塔回流比为最小回流比的 1.2 倍，冷凝器和再沸器压力分别为 20kPa（表压）和 40kPa（表压），塔顶甲醇回收率为 0.9915，调整 DSTWU 中水分的回收率至 0.00565，此时塔顶产品甲醇质量分数为 0.991525，满足设计目标，精馏塔参数初值见图 2。然后，用 RadFrac 模块进行核算。

Minimum reflux ratio	0.933587	
Actual reflux ratio	1.1203	
Minimum number of stages	7.49845	
Number of actual stages	16.729	
Feed stage	12.186	
Number of actual stages above feed	11.186	
Reboiler heating required	4.1729	Gcal/hr
Condenser cooling required	3.35992	Gcal/hr
Distillate temperature	69.415	C
Bottom temperature	108.981	C
Distillate to feed fraction	0.274427	

图 2   简捷算法计算结果

2. RadFrac 参数设置。进料位置为第 13 块塔板，冷凝器压力为 20kPa（表压），全塔压降为 20kPa。Configuration 表单设置如图 3 所示，运行查看计算结果。从图 4 可以看出，塔顶产品甲醇质量分数为 0.986012，通过塔顶产品中甲醇质量流量 5890.8kg/h 与进料物流中甲醇质量流量 6000kg/h 可得甲醇回收率为 0.9818，两者均不能满足设计目标。

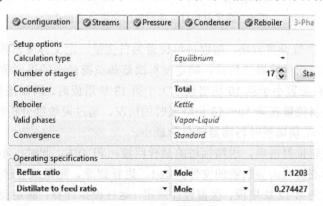

图 3   RadFrac 模块配置参数

	Units	FEED	BOTTOM	DISTIL
Molar Solid Fraction		0	0	0
Mass Vapor Fraction		0	0	0
Mass Liquid Fraction		1	1	1
Mass Solid Fraction		0	0	0
Molar Enthalpy	kcal/mol	-64.9274	-66.6315	-56.1486
Mass Enthalpy	kcal/kg	-2972.94	-3679.02	-1771.42
Molar Entropy	cal/mol-K	-42.2553	-34.4825	-53.5467
Mass Entropy	cal/gm-K	-1.93481	-1.90393	-1.68933
Molar Density	mol/cc	0.0400703	0.0500195	0.0233283
Mass Density	kg/cum	875.115	905.913	739.436
Enthalpy Flow	Gcal/hr	-44.594	-33.2055	-10.5831
Average MW		21.8395	18.1112	31.6969
+ Mole Flows	kmol/hr	686.829	498.345	188.484
+ Mole Fractions				
− Mass Flows	kg/hr	15000	9025.63	5974.37
METHANOL	kg/hr	6000	109.197	5890.8
WATER	kg/hr	9000	8916.43	83.5707
− Mass Fractions				
METHANOL		0.4	0.0120986	0.986012
WATER		0.6	0.987901	0.0139882

图 4　RadFrac 核算物流结果

3. RadFrac 模块添加设计规定方法。将 Experiment 8.1.apw 打开另存为 Experiment 8.2.apw。将塔顶产品中甲醇的质量分数和回收率作为设计目标；指定操作变量，将回流比和塔顶采出比作为操作变量进行调节。运行后结果见图 5，可以看出，当回流比为 1.28505，塔顶采出比为 0.274439 时，可以满足设计目标。

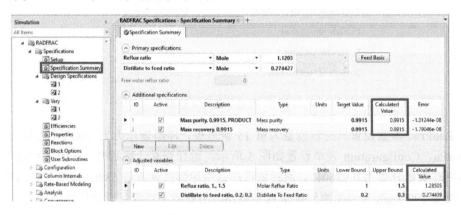

图 5　满足设计目标的回流比和塔顶采出比

4. 灵敏度分析参数设置方法。选取进料位置为自变量，定义再沸器热负荷为因变量（图 6），列表中第 1 列显示再沸器热负荷，确定使再沸器热负荷最小的进料位置。因为此时保留了设计规定，当进料位置小于第 10 块塔板或大于第 13 块塔板时，精馏条件达不到设计目标，所以尽可能分析进料位置在第 10～13 块塔板时的情况。通过灵敏度分析结果作图（图 7）可知，进料位置在第 12 块塔板时再沸器热负荷最小。

然后按最佳进料位置进料，求精馏塔的最佳回流比和 *D/F*。此时，不需要再运行灵敏度分析，可以用鼠标右键点击导航栏的文件夹 S-1，进行删除、隐藏或者停用，如图 8 所示。然后将进料位置改为第 12 块塔板，保留设计规定，运行模拟计算，满足设计规定的回流比和 *D/F* 即为最佳值，结果可以在 **Blocks | RADFRAC | Specifications | Specification Summary** 页面（图 9）或者 **Blocks | RADFRAC | Specifications | Vary | 1（或 2）| Results** 页面查看。

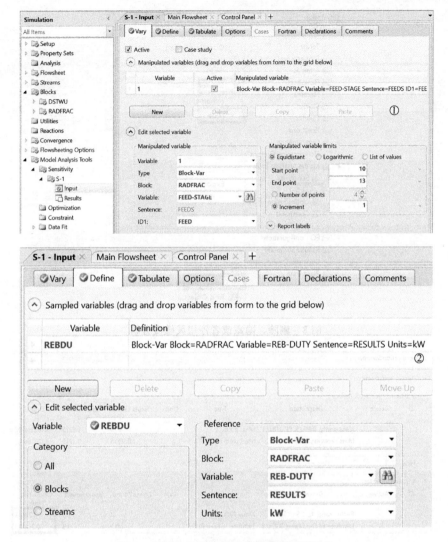

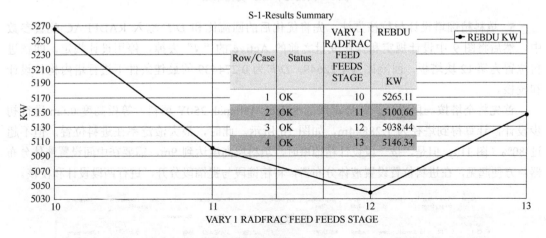

图 6 灵敏度分析自变量和因变量设置结果

S-1-Results Summary

Row/Case	Status	VARY 1 RADFRAC FEED FEEDS STAGE	REBDU KW
1	OK	10	5265.11
2	OK	11	5100.66
3	OK	12	5038.44
4	OK	13	5146.34

图 7 灵敏度分析结果

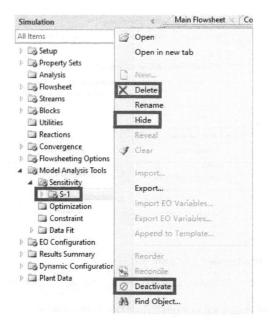

图 8　删除、隐藏或者停用灵敏度分析

图 9　回流比和 D/F 优化结果

5. 填料精馏塔设计与校核方法。先将优化后的回流比和 D/F 输入 RADFRAC 配置参数中，然后将图 9 中设计规定和操作变量之前的 Active 的"√"去掉，停用设计规定，即在进料位置为第 12 块塔板，回流比为 1.22649，D/F 为 0.274439 的最佳条件下进行塔内构件设计和校核。

首先将全塔按一段设计。选择常用的 Sulzer Mellapak 250Y 填料，等板高度 0.6m 进行初步设计，计算得到塔径为 1.28844m，如图 10 所示。此时，最大液泛率在进料位置，但不超过 80%（图 11）。但是，按一段设计精馏塔时，填料层高度达到 9m，需要在中间设置液体分布器，方便起见，在进料位置设置液体分布器，将精馏段与提馏段分开，进行两段设计和校核。

Name	Start Stage	End Stage	Mode	Internal Type	Tray/Packing Type	Packing Details			Tray Spacing/Section Packed Height	Diameter
						Number of Passes	Vendor	Material	Dimension		
▶ CS-1	12	16	Interactive sizing	Packed	MELLAPAK		SULZER	STANDARD	250Y	9 meter	1.28844 meter

图 10　初步设计参数

图 11　初步设计每块塔板的液泛率

从初步设计结果看，用 250Y 填料，等板高度 0.6m、塔径 1.28844m 时水力学数据和负荷曲线均合理。为方便制造，直接用 1.3m 塔径对两段进行校核（图 12）。各分离级液泛率校核结果见图 13，可以看出，均在合理范围之内，填料塔设计合理。

图 12　分段设计校核参数

| (a) 精馏段 | (b) 提馏段 |

图 13　各分离级液泛率校核结果

四、实训要求

1. 将文件分别保存为 Experiment 8.1.apw、Experiment 8.2.apw；
2. 按 Aspen Plus 操作步骤操作，查看模拟结果；
3. 记录具体的模拟步骤、参数设置和模拟结果。

实训九　工业气体中丙酮吸收模拟

一、实训目的

1. 了解工业气体中丙酮吸收方法；
2. 掌握吸收模拟的基本概念、基本知识和具体操作步骤与过程；
3. 掌握严格法吸收流程设计、模块选择、参数设置等技能。

二、实训内容

用 25℃、1atm 的纯水吸收工业尾气中的丙酮，尾气的进料条件为 40℃、1atm、10** kmol/h（**为学号后两位），组成（摩尔分数）为丙酮 0.08、氮气 0.70、氧气 0.22，将尾气中丙酮降低到质量分数 0.0002 以下。吸收塔共 10 块理论塔板，求水的最小用量。物性方法选择 NRTL-RK。模拟流程见图 1。

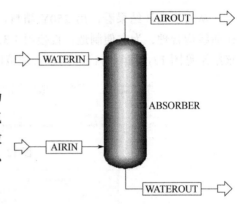

图 1　丙酮吸收模拟流程

三、实训注意事项

1. 气相中不凝组分和处于超临界状态的组分应被指定为亨利组分。
2. 选择 RadFrac 模块中的"ABSBR1"模型建立流程。
3. 吸收塔操作设定无冷凝器和再沸器。
4. 气体从第 $n+1$ 块塔板上面（Above-Stage）进料。
5. 吸收塔操作条件设置方法。在 **Blocks | ABSORBER | Specifications | Setup | Configuration** 页面，输入计算类型为"Equilibrium"，10 块理论板，无冷凝器和再沸器。在 **Blocks | ABSORBER | Specifications | Setup | Streams** 页面，设置空气进料位置为第 11 块板之上（Above-Stage，表示空气从第 10 块塔板下方进料），水进料位置为第 1 块板（On-Stage）。在 **Blocks | ABSORBER | Specifications | Setup | Pressure** 页面，设置第 1 块板压力为 1atm，结果见图 2。

6. 添加设计规定方法。添加设计规定，过程与例 7-6 相同。在 **Blocks | ABSORBER | Specifications | Specification Summary** 页面查看运行结果，如图 3 所示。可以看出，塔顶净化气中丙酮质量分数为 0.0002，最少用水为 $0.0850492 \times 10^7 \text{m}^3/\text{h}$。

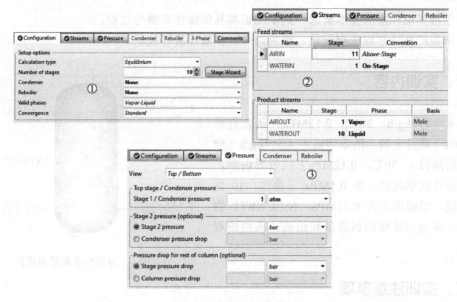

图 2　吸收塔设置结果

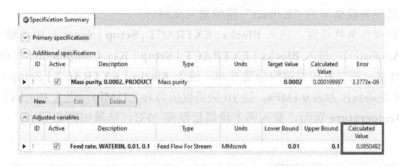

图 3　设计规定和操作变量设置和运行结果

四、实训要求

1. 将文件保存为 Experiment 9.apw；
2. 按 Aspen Plus 操作步骤操作，查看模拟结果；
3. 记录具体的模拟步骤、参数设置和模拟结果。

实训十　苯中异丙醇的萃取模拟

一、实训目的

1. 了解苯中异丙醇的回收方法；

2. 掌握萃取模拟的基本概念、基本知识和具体操作步骤与过程；

3. 掌握严格法萃取流程设计、模块选择、参数设置等技能。

二、实训内容

用水（150kg/h，30℃，0.12MPa）从含有异丙醇50%（质量分数）的苯溶液中 [5**kg/h（** 为学号后两位），30℃，0.12MPa] 回收异丙醇，采用逆流连续萃取塔，在 0.1MPa 下操作，10 块理论塔板，塔底压力为 0.11MPa，使用 NRTL 物性方法，求出口流体物料流量和组成。模拟流程见图 1。

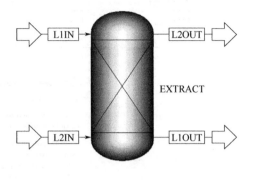

图 1　异丙醇萃取模拟流程

三、实训注意事项

1. 选择塔设备模型下的"Extract"模型建立流程；

2. 萃取塔操作条件设置。进入 **Blocks | EXTRACT | Setup | Specs** 页面，输入 10 块理论板，绝热（Adiabatic）；进入 **Blocks | EXTRACT | Setup | Key Components** 页面，第一液相关键组分选择水，第二液相关键组分选择苯；进入 **Blocks | EXTRACT | Setup | Pressure** 页面，输入第 1 块塔板压力为 0.1MPa，第 10 块塔板压力为 0.11MPa；进入 **Blocks | EXTRACT | Estimates | Temperature** 页面，输入第 1 块塔板温度 30℃，结果如图 2 所示。

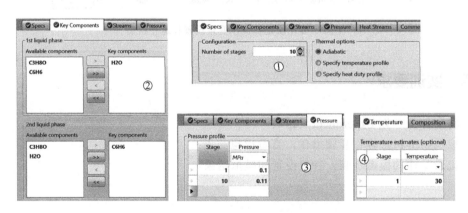

图 2　萃取塔操作条件设置

四、实训要求

1. 将文件保存为 Experiment 10.apw；

2. 按 Aspen Plus 操作步骤操作，查看模拟结果；

3. 记录具体的模拟步骤、参数设置和模拟结果。

实训十一　反应器单元模拟

一、实训目的

1. 掌握各类型反应器单元的基本概念、基本知识和具体操作步骤与过程；
2. 掌握各类型反应器单元的流程图设计、模块选择、参数设置等技能。

二、实训内容

烯丙醇（AA）与丙酮（ACE）合成丙酸正丙酯：

丙酸正丙酯是一种有甜味的食品添加剂，也被用于制造人造香料和香水。由于烯丙醇价格比较贵，而丙酮容易与丙酸正丙酯分离（通过精馏），因此，工业生产过程通常使用过量丙酮，以确保烯丙醇达到最大转化率。化学反应动力学方程为：

$$-r_{AA} = k \exp\left(\frac{-E}{RT}\right) c_{AA} c_{ACE}$$

式中，指前因子 k 为 1.5×10^9 kmol/($m^3 \cdot$ min)；活化能 E 为 6×10^7 J/kmol。

（1）使用间歇反应器模拟一个由流量为 2*.*g/s（**为学号后两位）的烯丙醇和 280g/s 的丙酮生产丙酸正丙酯的工艺。进料温度为 30℃，压力为 1bar，反应器保持 30℃ 的恒温。假设没有压降，物性方法使用 NRTL-RK 模型。每一批次反应在烯丙醇转化率达到 98% 时停止。间歇进料时间和辅助操作时间均为 60s，最大操作时间为 2000s，时间间隔为 10s。

求烯丙醇的转化率达到 98% 需要多长时间（s）？在 200s 结束时，反应器中的丙酸正丙酯有多少（kg）（提示：在 RBATCH 模块的 profiles 标签中查看）？该反应是放热还是吸热反应？作出反应器中物料组成随着时间变化的图。丙酸正丙酯间歇反应器模拟流程如图 1 所示。

（2）使用全混釜反应器模拟一个由流量为 2*.*g/s（**为学号后两位）的烯丙醇和 280g/s 的丙酮生产丙酸正丙酯的工艺。进料温度为 30℃，压力为 1bar，反应器保持 30℃ 的恒温。假设没有压降，物性方法使用 NRTL-RK 模型。反应器体积为 10L。计算反应器出口物料流量与组成，以及烯丙醇转化率，并与间歇反应器结果比较。丙酸正丙酯全混釜反应器模拟流程如图 2 所示。

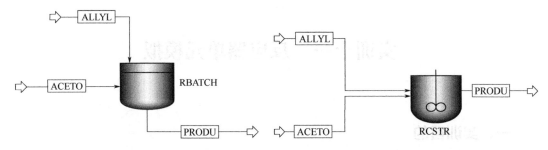

图 1　丙酸正丙酯间歇反应器模拟流程　　　　　　图 2　丙酸正丙酯全混釜反应器模拟流程

三、实训注意事项

1. 烯丙醇和丙酸正丙酯可利用分子式查找添加组分；
2. 间歇反应器连续进料和间歇进料物料的选择；
3. 建立反应方程式时必须设置反应的化学计量数；
4. 掌握动力学方程指前因子的默认单位；
5. 各参数单位选择正确。

四、实训要求

1. 将文件保存为 Experiment 11-1.apw 和 Experiment 11-2.apw；
2. 写出具体的模拟步骤、参数设置和模拟结果。

实训十二　煤气化过程模拟

一、实训目的

1. 掌握非常规组分的设定方法；
2. 掌握煤和生物质等固体碳资源流程模拟中的计算方法。

二、实训内容

已知煤的工业分析、元素分析和硫形态分析如表 1 所示，利用 Rstoic 和 RGibbs 模拟煤在气化炉中的气化。煤的进料量为 $1×10^4$kg/h，水的进料量为 $5×10^3$kg/h，氧气的进料量为 $4.5×10^3$kg/h，其中 N_2 占 1%，O_2 占 0.98%，氩气占 1%。所有进料温度为 30℃，进料压力为 5MPa，Rstoic 反应器的操作条件与进料相同，RGibbs 反应器在 5MPa 下绝热操作。物性方法选用 PENG-ROB。求 RGibbs 反应器的温度和气化产物组成，并尝试通过调节原料进料量调节 RGibbs 反应器的温度和气化产物组成。

表 1　煤的分析数据（质量分数）　　　　　　　单位：%

工业分析				元素分析（干基）						硫形态分析		
M_t	FC_d	VM_d	A_d	C	H	N	S	O	Cl	S_p	S_s	S_o
2.37	71.81	15.27	12.34	73.29	3.36	1.14	1.96	7.83	0.08	30	30	40

注：M_t 为全水分；FC_d 为干基固定碳；VM_d 为干基挥发分；A_d 为干基灰分；S_p 为硫铁矿硫；S_s 为硫酸盐硫；S_o 为有机硫。

煤气化模拟流程如图 1 所示。

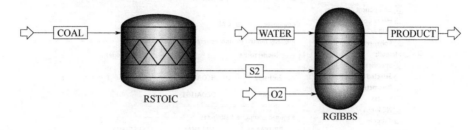

图 1　煤气化模拟流程

三、实训注意事项

1. 输入煤气化过程中的组分方法。输入煤气化过程原料和产品涉及的组分，包括 N_2、O_2、Ar、水、CO、CO_2、COS、NH_3、H_2S、SO_2、SO_3、H_2、CH_4、Cl_2、HCl、C、S、煤和灰分。其中煤（COAL）和灰分（ASH）没有固定的分子式和常规物性数据，定义为非常规组分（Nonconventional），如图 2 所示。

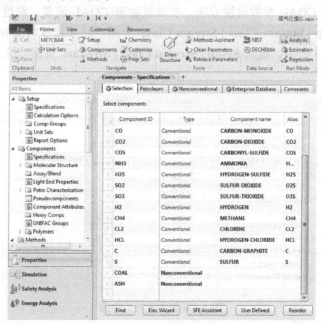

图 2　煤气化过程组分设置

❖ **注意：** 添加非常规组分前，需要先添加至少一个常规组分。

2. 煤和灰分的焓值（Enthalpy）和密度（Density）计算方法。进入 **Methods | Parameters | NC Props | Property Methods** 页面，分别设置煤和灰分的焓值（Enthalpy）和密度（Density）计算方法。焓值有 7 种非常规组分计算方法，其中后 4 种是针对煤的焓值计算方法，一般选 HCOALGEN；密度有 5 种非常规计算方法，其中 DCOALIGT 为煤的密度计算方法，如图 3 所示。利用同样方法设置灰分的焓值和密度计算方法。

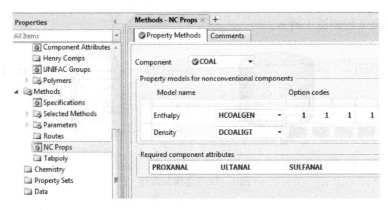

图 3　煤物性方法

3. 煤气化流程建立方法。煤气化反应的过程非常复杂，模拟方法一般遵照 Gibbs 自由能最小化原理来建立气化反应模型，结合气化过程中质量和能量平衡原理，从而对气化产生的合成气组成以及产率进行预测。首先采用化学计量学反应器把煤分解为单元素分子和灰渣，并将裂解煤产生的热量传递给后续过程，保证热量平衡，该过程通过 Fortran 语言编写的计算模块实现。被分解后的混合成分与氧气、水一起进入 RGibbs 反应器进行气化反应。

4. 非常规物流 COAL 参数设置方法。在设置物流 COAL 流量、温度、压力和组成等参数前，先进入 **Setup | Stream Class | Stream Class** 页面，将非常规物流 NC 从左侧选入右侧的子物流中，如图 4 所示。进入 **Setup | Stream Class | Streams** 页面，将左侧 COAL 选入右侧物流中，如图 5 所示。

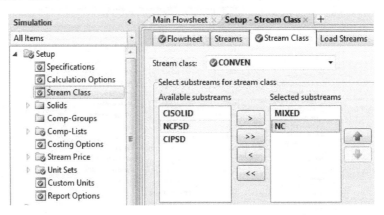

图 4　添加非常规子物流

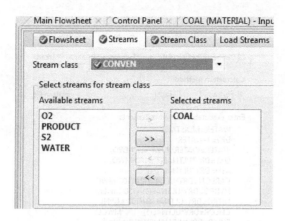

图 5　添加 COAL 为物流

5. 煤的分析数据输入。进入 **Streams | COAL | Input | NC Solid** 页面，点开 Component Attribute，通过选择 Attribute ID 中的 PROXANAL、ULTANAL 和 SULFANAL 分别输入煤的工业分析、元素分析和硫形态分析数据。

6. 化学计量学反应器的温度和压力与煤样进料条件相同。

7. 设置化学计量学反应器反应方程式。进入 **Blocks | RSTOIC | Setup | Reactions** 页面输入反应方程式，煤的转化率为 0.95，化学计量学系数设为 1（后面需要详细计算）。

8. 由于化学计量学反应器产物中有灰分，需要在 **Blocks | RSTOIC | Setup | Component Attr.** 页面定义灰分的工业分析、元素分析和硫形态分析数据。利用计算器工具（Calculator）计算化学计量学反应器的反应系数，表 2 为计算器变量列表。

表 2　计算器变量列表

COAL	MASS-FLOW Stream=COAL Substream=NC Component=COAL Unit=kg/hr
MOIST	Compattr-Var Stream= COAL Substream=NC Component=COAL Attribute=PROXANAL Element=1
ULTNAL	Compattr-Vec Stream= COAL Substream=NC Component=COAL Attribute= ULTNAL
WATER	Block-Var Block=RSTOIC Variable=COEF Sentence=RSTOIC ID1=1 ID2=H2O ID3=MIXED
OXY	Block-Var Block=RSTOIC Variable=COEF Sentence=RSTOIC ID1=1 ID2=O2 ID3=MIXED
ASH	Block-Var Block=RSTOIC Variable=COEF Sentence=RSTOIC ID1=1 ID2=ASH ID3=NC
CARBON	Block-Var Block=RSTOIC Variable=COEF Sentence=RSTOIC ID1=1 ID2=C ID3=MIXED
HYDRO	Block-Var Block=RSTOIC Variable=COEF Sentence=RSTOIC ID1=1 ID2=H2 ID3=MIXED
NITRO	Block-Var Block=RSTOIC Variable=COEF Sentence=RSTOIC ID1=1 ID2=N2 ID3=MIXED
CHLOR	Block-Var Block=RSTOIC Variable=COEF Sentence=RSTOIC ID1=1 ID2=CL2 ID3=MIXED
SULFR	Block-Var Block=RSTOIC Variable=COEF Sentence=RSTOIC ID1=1 ID2=S ID3=MIXED
MWO	Unary-Param Variable=MW ID1=O2 ID=1
MWC	Unary-Param Variable=MW ID1=C ID=1
MWH	Unary-Param Variable=MW ID1=H2 ID=1
MWS	Unary-Param Variable=MW ID1=S ID=1
MWCL	Unary-Param Variable=MW ID1=CL2 ID=1
MWN	Unary-Param Variable=MW ID1=N2 ID=1

9. 在 **Flowsheeting Options | Calculator | Input | Calculate** 页面写入计算器 Fortran 语句，

如图 6 所示。

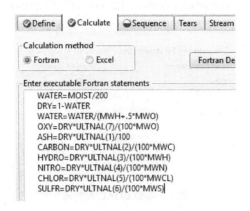

图 6 计算器的 Fortran 语句

四、实训要求

1. 将文件保存为 Experiment 12.apw;
2. 写出具体的模拟步骤、参数设置和模拟结果。

参考文献

[1] 孙兰义. 化工过程模拟实训——Aspen Plus 教程. 2 版. 北京：化学工业出版社，2017.

[2] 熊杰明，李江宝，彭晓希，等. 化工流程模拟 Aspen Plus 实例教程. 2 版. 北京：化学工业出版社，2016.

[3] 李鑫钢. 蒸馏过程节能与强化技术. 北京：化学工业出版社，2012.

[4] 匡国柱，史启才. 化工单元过程及设备课程设计. 2 版. 北京：化学工业出版社，2012.

[5] 中石化上海工程有限公司. 化工工艺设计手册. 5 版. 北京：化学工业出版社，2018.

[6] 张文林，李春利. 化工原理课程设计. 北京：化学工业出版社，2018.

[7] 王君. 化工流程模拟. 北京：化学工业出版社，2016.

[8] 包宗宏，武文良. 化工计算与软件应用. 2 版. 北京：化学工业出版社，2018.

[9] 孙兰义，马占华，王志刚，等. 换热器工艺设计. 北京：中国石化出版社，2018.

[10] 威廉·鲁平. Aspen 模拟软件在精馏设计和控制中的应用. 马后炮化工网，译. 2 版. 上海：华东理工大学出版社，2015.

[11] 伍钦，梁坤. 板式精馏塔设计. 北京：化学工业出版社，2010.

[12] Finlayson B A. 化工计算导论. 朱开宏，译. 2 版. 上海：华东理工大学出版社，2006.

[13] 钟立梅，仇汝臣，田文德. 化工流程模拟 Aspen Plus 实例教程. 北京：化学工业出版社，2020.

[14] 查韦斯，洛佩兹，萨帕塔，等. Aspen 软件在化工过程分析和模拟中的应用. 马后炮化工网，译. 南京：河海大学出版社，2017.

[15] Aspen Plus PFR Reactors Tutorial using Styrene with Multiple Reactions with Langmuir-Hinshelwood-Hougen-Watson Kinetics. 2008. http://users. rowan. edu/～hesketh/0906-316/Handouts/Lab 4-multiple reactions. pdf.

[16] Simulation of Batch Reactor (RBATCH) in Aspen Plus - Lecture #60. 2021. https://www. bilibili. com/video/BV1M34y1m7b8.

[17] Adams Ⅱ T A. Learn Aspen Plus in 24 Hours. New York：McGraw-Hill Education，2017.

[18] Schefflan R. Teach Yourself the Basics of Aspen Plus. Hoboken：Wiley，2011.

[19] Haydary J. Chemical Process Design and Simulation. Hoboken：Wiley，2019.